自動車材料入門

高 行男 著

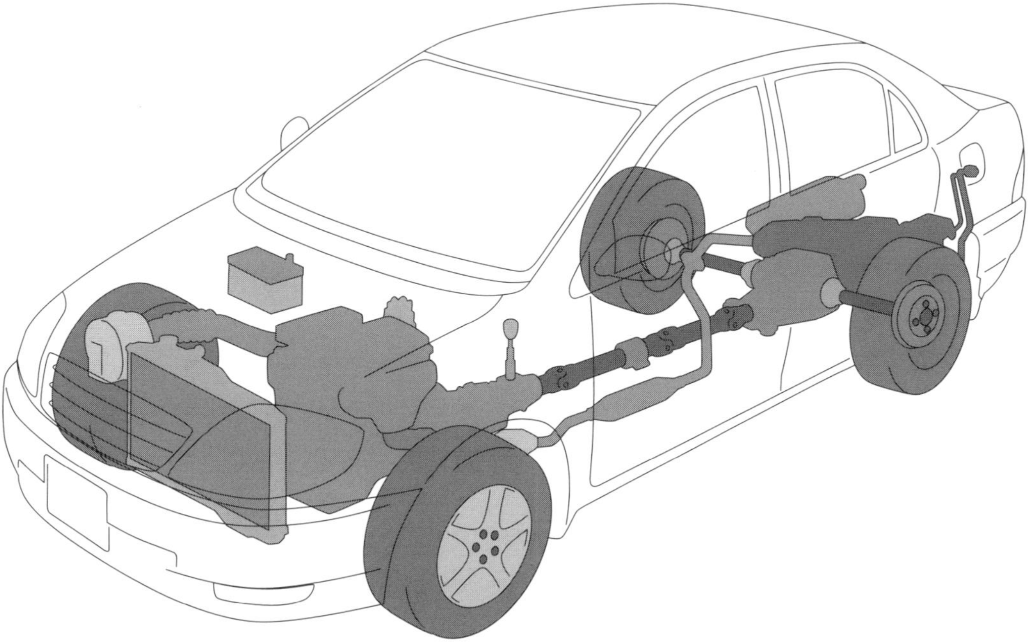

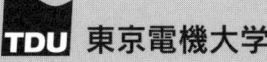
東京電機大学出版局

まえがき

　自動車の製造はもとより自動車技術の革新に材料の果たす役割は重要である．材料があり，それを加工して初めて有用な部品となるので，材料とその加工はものづくりの基礎ともいえる．2万点程度の多くの部品から成り立つ自動車において，部品の機能向上や自動車に対する時代の要求により，素材・材料は新たに開発される．したがって，自動車には，当然多くの材料が使用されている．

　機械技術の集合体といえる自動車を深く学ぶためには，材料についての基礎事項を把握する必要がある．しかし，材料は人間のように複雑であるので，いくつかの材料を知り，好きな材料になじむことが多岐多様な材料を学ぶ契機になるものと思っている．そこで本書では，材料の入門という観点から，機械の代表といえる自動車を対象にして材料の基礎知識を習得しやすいようにまとめた．

　1章では，多岐多様な材料を学ぶ第一歩として，自動車を構成する材料の概要を述べる．2章では，材料の代表である金属材料を取り上げ，その特性を説明する．そして3～7章では，材料の各論と自動車への具体的な適用例を見ていくが，材料を初めて学ぶ者にとって材料は複雑であるので，金属材料，非金属材料，そして複合材料に大別し説明した．まず3章では，自動車を構成する基本材料である鉄鋼について説明する．4章では，自動車で使われる主な非鉄金属材料を取り上げたが，軽量化の視点からアルミニウムの後にマグネシウムとチタンを列挙した．5章と6章では，非金属材料について説明した．7章では，自動車部品が材料的にも複雑化していることを理解する第一歩として，複合材料を取り上げた．

　終わりに，本書に引用させていただいた参考文献は巻末に記した．著者の方々に謝意を表す．本書を記すにあたり，学内外の学生諸君と筆者が親しくしていただいている方々の協力を得た．ここに謝意を表す．また執筆にあたり，お世話になった元エンジンテクノロジー編集長山崎敏司氏，アドバイス，コメントをいただいた東京電機大学出版局植村八潮氏，石沢岳彦氏に謝意を表す．

2009年1月

著者

目次

第1章 総論

1.1 自動車を構成する材料 ……………………………………… 1
1 自動車の構成部品と材料
2 自動車用材料
3 自動車と環境

1.2 材料の性質 ……………………………………………………… 6
1 強度（強さ）
2 剛性
3 軽量
4 靱性
5 耐熱性
6 耐食性
7 耐摩耗性

第2章 金属材料の基礎

2.1 金属の特性 ……………………………………………………… 11
1 金属元素
2 結晶構造
3 合金
4 弾性変形と塑性変形
5 加工硬化と再結晶

2.2 材料試験 ………………………………………………… 17
 2.2.1 静的強度試験 ……………………………………18
  1 引張試験
  2 圧縮試験
  3 曲げ試験
  4 ねじり試験
 2.2.2 かたさ試験 ……………………………………21
 2.2.3 衝撃試験 ………………………………………23
 2.2.4 疲労試験 ………………………………………24
 2.2.5 クリープ試験 …………………………………26
2.3 非破壊試験 ……………………………………………… 28
  1 浸透探傷法
  2 磁粉探傷法（磁気探傷法）
  3 超音波探傷法
  4 放射線探傷法（放射線透過試験）

第 3 章　金属材料・鉄鋼

3.1 鉄と鋼 ……………………………………………………… 32
  1 製鉄
  2 製鋼
  3 鋼板の製造工程
3.2 鋼板 ………………………………………………………… 35
  1 熱間圧延鋼板
  2 冷間圧延鋼板
  3 高張力鋼板
  4 表面処理鋼板
  5 ラミネート鋼板（積層鋼板）

3.3 炭素鋼（普通鋼）··43
　　3.3.1 炭素鋼の性質 ··43
　　3.3.2 炭素鋼の状態図 ··46
　　3.3.3 炭素鋼の熱処理と組織 ··51
　　　　　1 熱処理
　　　　　2 炭素鋼の組織
　　3.3.4 表面硬化処理 ··55
　　　　　1 高周波焼入れ法
　　　　　2 浸炭法（浸炭焼入れ法）
　　　　　3 窒化法
　　　　　4 火炎焼入れ法
3.4 合金鋼（特殊鋼）··59
　　3.4.1 合金元素の役割 ··59
　　3.4.2 構造用合金鋼 ··61
　　　　　1 構造用合金鋼の種類
　　　　　2 構造用合金鋼の利用
　　3.4.3 ステンレス鋼 ··63
　　　　　1 ステンレス鋼の性質
　　　　　2 ステンレス鋼部品
　　3.4.4 耐熱鋼 ··66
　　3.4.5 ばね鋼 ··67
　　3.4.6 軸受鋼 ··67
　　3.4.7 工具鋼 ··68
　　3.4.8 快削鋼 ··69
3.5 鋳鉄 ··70
　　3.5.1 鋳鉄の性質 ··70
　　3.5.2 エンジンの鋳鉄部品 ··73
3.6 焼結金属 ··75
　　3.6.1 粉末冶金 ··75

  3.6.2 焼結金属の製造工程 …………………………………76
  3.6.3 自動車の焼結部品 ……………………………………78

第4章　非鉄金属材料

4.1 アルミニウム ……………………………………………… 83
 4.1.1 アルミニウムとその合金 ……………………………84
   1 展伸用アルミニウム合金
   2 鋳造用アルミニウム合金
 4.1.2 熱処理と表面処理 ……………………………………90
 4.1.3 アルミニウム合金と鉄鋼 ……………………………92
 4.1.4 シリンダとピストン …………………………………92
 4.1.5 アルミボディ …………………………………………95

4.2 マグネシウム ……………………………………………… 96
 4.2.1 マグネシウムとその合金 ……………………………96
   1 鋳造用マグネシウム合金
   2 展伸用マグネシウム合金
 4.2.2 自動車部品 ……………………………………………99

4.3 チタン ……………………………………………………… 100
 4.3.1 チタンとその合金 ………………………………… 100
 4.3.2 自動車部品 ………………………………………… 102

4.4 銅 …………………………………………………………… 103
 4.4.1 銅とその合金 ……………………………………… 104
 4.4.2 ワイヤハーネス …………………………………… 105

4.5 亜鉛, 鉛, すず …………………………………………… 106
4.6 軸受合金 …………………………………………………… 109
4.7 白金 ………………………………………………………… 112
4.8 ニッケル …………………………………………………… 115

第5章　非金属・有機材料

5.1 プラスチック …………………………………… 116
 5.1.1 プラスチックの性質 ……………………… 117
    1　熱可塑性プラスチックと熱硬化性プラスチック
    2　モノマーとポリマー
    3　エンジニアリングプラスチック
    4　プラスチックの特性
 5.1.2 自動車の樹脂部品 ………………………… 122
5.2 ゴム ……………………………………………… 123
 5.2.1 天然ゴムと合成ゴム ……………………… 123
    1　天然ゴム（NR）
    2　合成ゴム
 5.2.2 タイヤ ……………………………………… 126
    1　タイヤの基本的機能
    2　タイヤの材料
    3　タイヤの構造と材料
5.3 合成繊維 ………………………………………… 129
5.4 摩擦材 …………………………………………… 130
 5.4.1 摩擦材の構成 ……………………………… 130
 5.4.1 ブレーキパッド …………………………… 131
5.5 塗料 ……………………………………………… 133
 5.5.1 塗料の構成 ………………………………… 133
 5.5.2 ボディの塗装工程 ………………………… 134
5.6 シール材 ………………………………………… 137
    1　ガスケット
    2　オイルシール

5.7　潤滑剤 ………………………………………… 141
　　5.7.1　エンジンオイル ………………………… 141
　　5.7.2　グリース ………………………………… 143

第6章　非金属・無機材料

6.1　ガラス ………………………………………… 146
　　6.1.1　ガラスの性質 …………………………… 146
　　6.1.2　自動車用窓ガラス（安全ガラス）……… 148
　　　　　1　合せガラス
　　　　　2　強化ガラス
　　　　　3　機能ガラス
　　6.1.3　光ファイバ ……………………………… 151
6.2　セラミックス ………………………………… 152
　　6.2.1　セラミックスの性質 …………………… 152
　　6.2.2　自動車のセラミックス部品 …………… 156
　　　　　1　構造用セラミックス
　　　　　2　機能性セラミックス

第7章　複合材料

7.1　複合材料の構成 ……………………………… 165
7.2　繊維強化プラスチック ……………………… 166
　　　　　1　強化繊維
　　　　　2　繊維強化プラスチックの性質
　　　　　3　自動車の繊維強化プラスチック部品
7.3　繊維強化金属 ………………………………… 169
7.4　繊維強化セラミックス ……………………… 170
7.5　繊維強化ゴム ………………………………… 171

参考文献 ……………………………………………………………… 172

索引 ………………………………………………………………… 173

第1章

総論

　文明は石器時代から銅器時代を経て鉄器時代に発展してきたといわれる。このようにものをつくる元である材料は，社会生活に大変重要な役割を果たす。自動車の製造というものづくりにおいても材料とその加工が基礎となっている。

　自動車には，金属，プラスチック，ゴム，セラミックスなど，さまざまな材料が使われている。さまざまな材料を学ぶ際，材料を分類して考えると理解しやすい。材料の基本的分類には**金属材料**，**無機材料**，**有機材料**がある。一方，材料の用途別分類として構造材料と機能材料に大別される。また状態別分類として気体材料，液体材料，固体材料に分けられる。

1.1 自動車を構成する材料

1　自動車の構成部品と材料

　自動車は，動力源であるエンジン，動力を駆動輪へ伝える動力伝達装置，荷重を支えるアクスル，乗り心地を良くするサスペンション，任意の方向へ進むためのステアリング装置，自動車を支えて回転するホイールおよびタイヤ，自動車を減速・停止させるブレーキ装置，夜間照明のための灯火装置，運転に必要な各部の状態を知らせる計器など，そしてこれらの部品や装置を搭載し，人やものを乗せるボディで構成されている。

　図1.1にいくつかの部品と材料を表示した自動車の外観と，エンジンの構成部品を示し，図1.2には主な材料の基本的分類を示した。

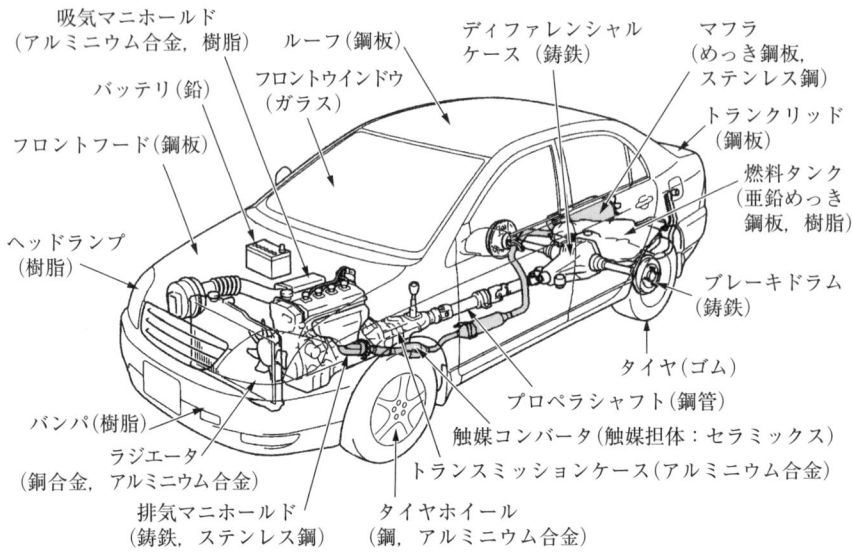

(a) 自動車の部品と材料

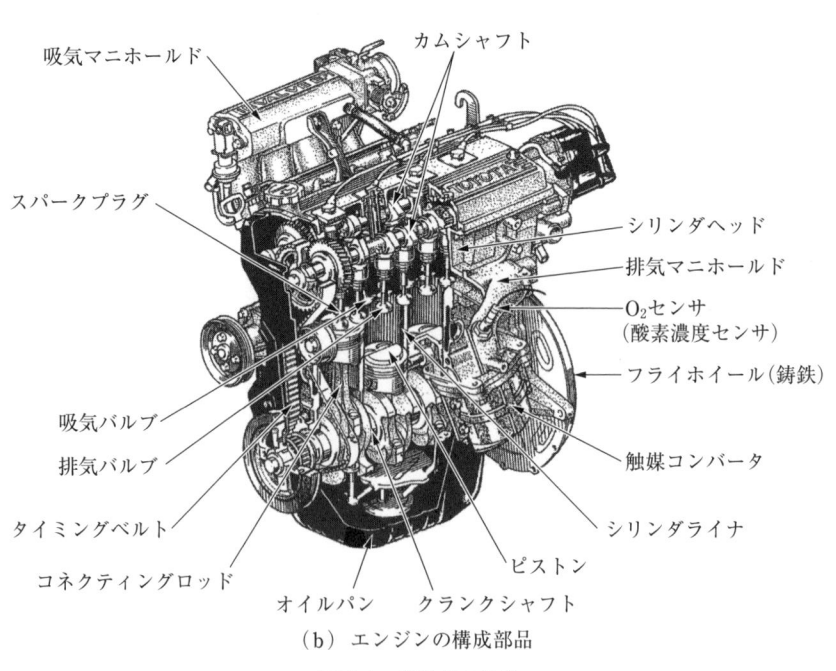

(b) エンジンの構成部品

図 1.1　自動車の材料

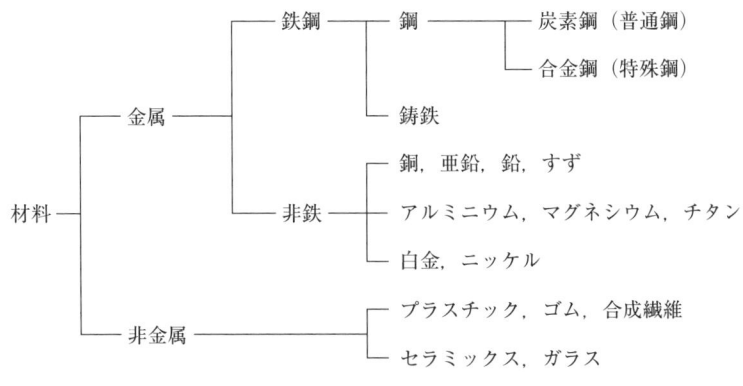

図 1.2　自動車の主な材料

表 1.1 に，自動車工業会が調査した自動車材料の構成比の推移を示す。1970年代のオイルショック以降，鋼板，構造用鋼，ステンレス鋼，鋳鉄などの鉄系材料は 80％から 70％程度と少し低下している。しかし，鉄鋼いわゆる鉄が主となる材料である。鋼板は普通鋼に分類されている。一方，アルミニウム，プラスチック（樹脂）の採用は増大している。構成比の現状は，アルミニウムを含めた非鉄金属は約 8％，プラスチックも 8％程度の割合である。

市販車にはコストという大きな壁があるため制約が多いが，自動車に使用される材料は，時代の要請・課題の変化などによって中身を変えてきている。自動車の軽量化を材料の面から大きくとらえると，鉄からアルミニウム，アルミニウムからプラスチックの使用という流れである。

表 1.1　平均的乗用車の主要材料の構成比変化〔％〕

種　類		1973 年	1980 年	1986 年	1992 年	2001 年
鋳　鉄		3.2	2.8	1.7	2.1	1.5
普通鋼		60.4	60.5	57.7	54.9	54.8
特殊鋼		17.5	14.7	15.0	15.3	16.7
非鉄金属		5.0	5.6	6.1	8.0	7.8
	アルミ	2.8	3.3	3.9	6.0	6.2
合成樹脂		2.9	4.7	7.3	7.3	8.2
その他		11.0	11.7	12.2	12.4	11.0

鉄，アルミニウム，樹脂は自動車の三大材料といえるが，タイヤのゴム，フロントガラスの安全ガラスをはじめ，自動車センサに使われているセラミックス，触媒の白金など，重要な材料も多い。セラミックスは鉄，樹脂に次ぐ第3の素材として1980年代には大いに注目を集めた。

2　自動車用材料

自動車は大量生産されるので，自動車に用いられる材料は，次のようなことが求められる。

① 大量に安定供給できること
② しかも量産向きであること　　つまりコストが安く，生産性（加工性）や均一性が大事である。例えば，高強度鋼といっても単に強い材料としては良いのだが，使用するとき被削性，つまり加工性が良くないとコスト高となり問題となる。
③ さらに環境保全が大切である　　環境保全については，環境負荷低減とリサイクルしやすいことが大事である。例えば，鉛は環境負荷物質ということで，自動車では鉛の使用量を少なくしてきた。鉛に加え，水銀，六価クロム，カドミウムが対象物質となっている。

リサイクルの点では，例えば，プラスチックでは加熱により軟化する熱可塑性のものを使用ということになる。しかし，使用済みプラスチック（廃プラスチック）の再生は厄介である。種類がさまざまで分別しにくいうえ，溶かして再成形しても壊れやすいなど，再生材の品質が問題である。スクラップ鉄を自動車用鋼板の原料とすると，リサイクル材の材質特性に銅などの微量元素が影響し，要求される特性を示さない。

3　自動車と環境

環境問題に対して自動車が求められる1つのキーワードは軽量化である。燃費と性能向上のためである。燃費の向上は，二酸化炭素などの温室効果ガスの削減につながる。車両重量のなかでボディの割合が一番大きく，エンジン，サスペンションと続く。エンジンのシリンダヘッドとブロックの鋳鉄からアルミニウムへの置換は軽量化の好例である。

環境問題を考えるうえで，資源を有効利用し，リサイクルで廃棄物を減らすこ

とが重要である。乗用車は廃車（ELV：End of Life Vehicle）になるまで中古車という形で再利用されている。また廃車になっても解体の段階で，バッテリ，タイヤ，触媒，エンジンユニットなどの再使用可能部品や修理可能部品が取り外され，部品としての再使用や材料としてのリサイクルが行われている。さらに車体はシュレッダー事業者により破砕処理され，鉄と非鉄金属が分離選別されて再生材として再び使用される。

このように自動車は，工業製品としてきわめて整備されたリサイクルシステムをもっているが，シュレッダーダスト（自動車破砕くず，ASR：Automotive Shredder Residue）など検討すべき課題はある。

リサイクルにおいては，3RやLCAなどの視点が重要視される。

(1) 3R

3Rとは，Reduce, Reuse, Recycleの頭文字のRからきたもので，それぞれ廃棄物の抑制，再使用（部品再利用），再生利用（再資源化）を意味する。廃棄物の発生を抑制する視点が加味され，設計がなされている。再資源化には，鉄，アルミニウム，ガラスなど，材料としてのリサイクルと，廃プラスチックなどの焼却時の発熱量を熱回収という形でリサイクルするサーマルリサイクルがある。

(2) LCA（ライフサイクルアセスメント）

LCAとは，原材料から製造，物流，使用，処分まで，製品の一生を通じて環境に排出される大気汚染物質，水質汚濁物質，廃棄物などを測定する手法である。

地球温暖化，資源枯渇などの今日的問題は，地球的規模で語るべき問題であるので，製品のライフサイクルを通してみたときの環境に対する負荷を総合的，定量的にとらえるツールとして登場した。例えば，車のCO_2排出についてみると，もちろん走行段階での寄与が大きいが，材料の生産や車両生産時の寄与も大きいためである。例えば，アルミニウム（新材）は材料製造段階でCO_2の排出量が多い。

1.2 材料の性質

　材料の性質は，機械的性質，物理的性質，そして化学的性質に大別される。材料選択の基本は，安全性，生産性，コストを考え，当然のことであるが使用環境に最適な材料を選ぶことである。その際，部材が破壊しないように強度や，変形しすぎないように剛性など，材料の特性を示すパラメータを理解する必要がある。

1　強度（強さ）

　物体に荷重を加えると変形する。荷重を取り除くと元の形に戻る性質を**弾性**，元の形に戻らない性質を**塑性**という。

　一般に金属のような材料は，弾性変形に続いて塑性変形を生じ破壊する。ガラスやセラミックスのような脆い材料は，あまり変形しないうちに急激な割れを生じ破壊に至る。破壊は塑性変形の程度により**脆性破壊**（brittle fracture）と**延性破壊**（ductile fracture）に大別される。

　材料の強さの大小は，単位面積当たりの力（**応力**，stress）で比較する。材料の強さにおいて，まず材料の破壊に対する抵抗の大きさが重要である。その強さには，引張りの強さ，圧縮したときの強さ，曲げたときの強さなど，力の加え方によって種々のものがあるが，その代表が引張強さである。部材に段差，ねじ，溝などがあると，その部分に応力集中が生じ，低い負荷で破壊する。つまり強さは低下するので，注意が必要である。

　材料が強くなれば，自動車をはじめとする機械の信頼性や寿命を増し，部品の構成要素を小さくあるいは細く薄くできるから，製造に使う材料の量は減る。自重を減らせば材料が節約されるほか，有効積載量も増すメリットがある。

　材料の強さでもう1つ大切なのは，材料が破壊しなくても，力が作用しないとき元の状態になっていることが必要である。このパラメータの応力を降伏強さ（降伏点，耐力）という。材料が降伏して塑性変形が起こると考えると理解しやすい（2.2節参照）。

　さまざまな使用条件においては，強さもいろいろ求められる。例えば，衝撃荷重抵抗（**衝撃強さ**）は打撃工具の金属に，繰返荷重抵抗（**疲労強度**）はクランク

軸や自動車車軸の金属に，高温での静荷重に対する抵抗（高温強さ，**クリープ強度**）は高圧ボイラや蒸気管の金属に必要である。ここで，**疲労**（fatigue）とは，外力が繰り返されることによって材料が破壊する現象で，時間が経過して破壊に至る。**クリープ**（creep）とは，高温においては応力が一定の負荷の場合であっても，材料の変形が時間とともに増大する現象である。

2 剛性

材料そのもののもっている変形のしづらさの程度を示す場合と，部品や構造物としての変形のしづらさを意味している場合がある。ここでは，材料自体のことについて述べる。

図1.3に示すように，材料に共通していることは，程度の差はあっても引張荷重が作用すると伸びが生じ，両者は比例する。つまり応力とひずみが直線で表される部分（比例関係）が存在する。直線の傾き（応力／ひずみ）は，変形に対する抵抗の度合いを意味し，材料によって異なる。傾きが小さいと同じ力でも変形が大きいことを意味している。この傾きを弾性率（**縦弾性係数，ヤング率**）E という。図示のように，アルミニウムは鉄に比べ傾きが小さく，E の値は鉄の1/3程度である。

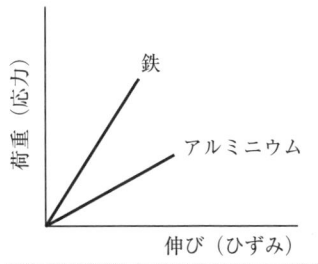

- 荷重と変形の関係を表した線図を荷重 - 変形図という。引張荷重の場合は変形は伸びとなる
- 荷重(力)の単位はN(ニュートン)である。kgfで表示されている場合もある。その場合は1kgf＝9.8Nとして考えればよい
- 伸びは通常mmで表示する。伸びの割合を示す場合にも伸び(％)と称するので注意が必要である

- ひずみは伸び(mm)を元の長さで割った値なので，単位をもたない無次元量である
- 応力は力を面積で割った値なので，単位は N/mm^2 となる。応力や圧力の単位はPa(パスカル，$1Pa=1N/m^2$)である。したがって，必要に応じて単位換算をする。$1N/mm^2=10^6 N/m^2=1MPa$，ここでMはメガと称し，10^6 である。なお，Gはギガと称し，10^9 である

図1.3 荷重 - 変形図と応力 - ひずみ図

3 軽量

　軽い材料とは，密度（比重）が小さい材料のことで，アルミニウム合金，マグネシウム合金，プラスチックなどがその候補である。自動車において，軽量化が促進されると，エネルギー消費（コスト）が改善される。

　比重（specific gravity）には単位がないが，**密度**（density）というと単位がある。例えば，アルミニウムの比重は 2.7 であり，密度は 2.7 g/cm^3 である。つまり，物質の単位体積当たりの質量を密度といい，水の密度（1 g/cm^3）に対する比を比重という。

(1) 比強度

　比強度とは強度／比重のことである。比強度が大きい材料としてはアルミニウム合金，チタン合金，複合材料（CFRP など）が代表である。軽くて強いことを判断するパラメータ（尺度）である。

(2) 比剛性

　比剛性とは剛性／比重のことで，弾性率／比重を意味している。自動車を構成する構造部材は，高比剛性化が要求される。高比剛性が自動車としての性能に著しく貢献できる代表的部品は，エンジンまわりの運動部品，ならびに回転運動するドライブトレイン部品であり，次いで軽量高剛性を確保したいブレーキ部品である。具体的な部品としては，ピストンピン，コネクティングロッド，各種ギヤ類，クランクシャフトを頂点とする各種シャフト類，なかでも，きわめて高速で回転運動するターボロータシャフト，あるいはブレーキキャリパなどがある。

4 靭性

　靭性（toughness）とは粘り強さを意味する。靭性はき裂の不安定な進展に対する抵抗の大きさを表し，靭性が小さいと小さなき裂でも破壊するので，脆い性質を示すこととなる。材料の靭性は，強度とともに設計の信頼性には欠かせない重要なパラメータである。材料によって高靭性のものやそうでないものがある。セラミックスは一般に靭性に劣る，つまり脆い。

　強度と靭性は同じものでない。例えば，セラミックスは脆いが，強度は高い。ガラスは脆く，強度も低い。

5 耐熱性

耐熱性が最重要であるとき，使用材料としては，超合金，セラミックス，複合材のC／Cコンポジットなどが候補となり，軽量も考慮するときは，チタン合金，セラミックス，C／Cコンポジットが候補となる。

熱に対しては強さとともに変形にも注意する必要がある。材料は熱を加わると変形する。熱に対する変形の度合いを表すパラメータが**線膨張係数（熱膨張率）**で，1℃の温度変化による**ひずみ（strain）**を意味し，どの程度変形（伸びや縮み）するかを示している。

6 耐食性

金属の化学的な性質の1つである**イオン化傾向**を表1.2に示す。イオン化傾向が大きいことは，金属が電子を放出してイオンになりやすいことを意味する。一般的な湿潤雰囲気中では，表中の左のものほど化学的に安定しており錆びにくく，右のものほど不安定で錆びやすい。より安定傾向にあることを**貴**といい，その反対傾向を**卑**という。

耐食性（corrosion resistance）とは，錆びにくさを意味する。表中で最も左に位置する金，白金，銀は貴金属と呼ばれ，錆びにくい金属の代表である。逆に右に位置するマグネシウムなどは錆びやすい金属の代表である。

アルミニウム，チタン，クロムなどは，緻密な保護被膜（酸化膜）が自然に生成し，イオン化傾向が大きいにもかかわらず，普通の環境では錆びにくい。

イオン化傾向の異なるものどうし，例えば，鉄鋼と亜鉛とを接触させておくと，イオン化傾向の大きい亜鉛が優先的にイオン化するので，鉄鋼が保護される。こういう原理による防食方法を**犠牲防食**といい，トタン（亜鉛鉄板）はその

表1.2 金属イオン化傾向

貴	→															卑
Au	Pt	Ag	Hg	Cu	(H)	Pb	Sn	Ni	Co	Fe	Cr	Zn	Mn	Ti	Al	Mg
金	白金	銀	水銀	銅	水素（基準）	鉛	すず	ニッケル	コバルト	鉄	クロム	亜鉛	マンガン	チタン	アルミニウム	マグネシウム

典型である。亜鉛が残存する限り鉄板を保護する。すずも同様の効果があり，鉄板にすずめっきしたものがブリキである。

7　耐摩耗性

2つの固体が接触して相対運動をするとき，固体の表面から材料が除去されるという材料損失が起こる。これが**摩耗**（wear）と呼ばれる現象である。自動車をはじめ機械には滑りや転がりといった相対運動をする部分があるので，摩耗は大変重要な現象である。鋳鉄はカーボンが多量に含まれているため，適度な摩擦と高い耐摩耗性を示し，ブレーキ部品に多く使用されている。

相対運動といっても接触している二面が，肉眼では見えないような小さな振動で振動的に滑っている場合もある。このような場合の摩耗を**フレッチング**（fretting）**摩耗**と呼ぶ。例えば，ボルトで締め付けてある2つの固体部分が強い振動を受けるとき，これらの表面にフレッチング摩耗が起こる。締め付けて固定した二面の間では，少しでも摩耗が生じると固定した効果がなくなってしまうので，フレッチング摩耗は重要な現象である。

摩耗は材料の損失を生じる点で有害だが，表面を鏡面に仕上げる場合には摩耗を積極的に利用している。

第2章

金属材料の基礎

　自動車にはさまざまな材料が使われている。なかでも金属材料が多く使われている。金属材料は，自動車をはじめ各種の工業製品，装置や部品の製造に有用で重要な材料といえる。工業の発展，科学技術の発展に金属材料の果たす役割は大きい。金属材料は，金属元素からなっており，**鉄鋼**と**非鉄金属**に大別されるが，共通する特性をもっている。

2.1　金属の特性

　鉄，アルミニウム，銅など，**金属**（メタル，metal）と呼ばれる物質はたくさんある。金属に共通する性質は以下のようである。
① 　金属光沢（金属特有のツヤ）をもっている。
② 　普通の温度では固体である。ただし，水銀は液体である。
③ 　金属は，展性や延性が大きい。つまり，叩いて伸ばしたり，引き伸ばしたりすることができる。
④ 　電気や熱の伝導率が大きい。

　銅をはじめとする金属は電気を通しやすい。これを**導体**という。一方，ガラスなどのように電気を通しにくいものを**絶縁体**という。中間に位置するのを**半導体**という。

　電気の伝わる割合（**電気伝導率**）を表す尺度として，**国際標準軟銅**（IACS：International Annealed Copper Standard）がある。これは，軟銅の電気抵抗値に対する割合により電気伝導率を表したもので，次式で示される。

$$電気伝導率（\% \text{IACS}）= \frac{標準軟銅の電気抵抗値}{対象金属の電気抵抗値} \times 100$$

一方，熱の伝わる割合を**熱伝導率**といい，W/(m・K) の単位で表される。長さ 1 m について 1 K（1℃）の温度差があるとき，1 秒間に 1 m² の断面を通って伝わる熱量を意味する。銀の熱伝導率が最も大きく，銅，金，アルミニウムと続く。

1　金属元素

地球上には約 110 種の元素が存在し，そのうち金属元素は約 80 種と多い。しかし，一般に実用されている金属は，資源量や利用技術，コストの問題があり，それほど多くはない。表 2.1 に主な金属元素を示すとともに，代表的な鉄と，アルミニウムなどの軽金属の特性を示した。

2　結晶構造

金属の表面をよく磨き拡大して観察すると，図 2.1 に示すように，たくさんの**結晶粒**（結晶）が見える。結晶粒と結晶粒の境界を**結晶粒界**という。金属の強さは結晶粒が小さいほど高くなる。

結晶粒は，原子が縦，横，高さ方向に規則正しく積み重なって出来ている。原子の規則正しい配列（結晶格子）の種類として，金属では表 2.2 に示すように，体心立方格子，面心立方格子，稠密六方格子がある。鉄は**体心立方格子**（**bcc**：body centered cubic lattice），アルミニウムは**面心立方格子**（**fcc**：face centered cubic lattice），マグネシウムは**稠密六方格子**（**hcp**：hexagonal closepacked lattice）である。

体心立方格子は，立方体の 8 つの隅と立方体の中心に原子がある構造である。面心立方格子は，立方体の 8 つの隅と 6 つの面の中心に原子がある構造である。稠密六方格子は，6 角柱を 6 個の 3 角柱に分けてみると，各 3 角柱の隅と 1 つおきの 3 角柱の体心に 1 個ずつの原子がある構造で，**最密六方格子**ともいう。

金属の性質は結晶構造の違いによって異なる。金，銀，銅，アルミニウムなどの面心立方格子の金属は変形しやすい。

3　合金

一般に純金属はやわらかく展延性があるが，強度は低い。そのため，金属を材

表2.1 主な金属の性質

金属名	元素記号	密度〔g/cm³〕	融点〔℃〕	特徴
鉄	Fe	7.9	1 536	地殻中，Alに次いで多く存在する最も重要な金属である
アルミニウム	Al	2.7	660	比重が軽く，電気・熱の伝導性が良い
マグネシウム	Mg	1.7	649	実用金属中最も軽いが，耐食性は劣る
チタン	Ti	4.5	1 670	耐食・耐熱性に優れる
銅	Cu	8.9	1 083	展延性に富み，電気・熱の伝導性は銀に次いで良い
亜鉛	Zn	7.1	419	かたくて脆いが，めっきやダイカスト用に利用される
鉛	Pb	11.3	327	やわらかく，強度は低いが耐食性に優れる
すず	Sn	7.3	232	低融点で，展延性に富み，耐食性もかなり良好
ニッケル	Ni	8.9	1 453	耐熱・耐食性に優れる
金	Au	19.3	1 063	耐食性が良く，金属中最大の展延性をもつ
銀	Ag	10.5	961	展延性に富み，電気・熱の伝導性は金属中最も良い
白金	Pt	21.5	1 769	化学的に非常に安定であるため，装飾品に多く利用される。触媒としても自動車の排気ガスの浄化で使用されている

特性＼金属	Fe	Al	Mg	Ti
比重（密度〔g/cm³〕，20℃）	7.87	2.70	1.74	4.50
融点〔℃〕	1 536	660	649	1 670
結晶構造	体心立方	面心立方	最密六方	最密六方
熱伝導率〔W/m・K〕	80	237	156	22
縦弾性係数（ヤング率）〔GPa〕	206	69	45	108
横弾性係数〔GPa〕	79	27	17	45
降伏強さ（耐力）〔MPa〕	130	15	65	140
引張強さ〔MPa〕	220	55	150	240
線膨張係数〔10^{-6}/℃，10^{-6}/K〕	12	24	26	9
電気伝導率〔IACS%〕	17	64	40	3
伸び〔%〕	21	30	9	27

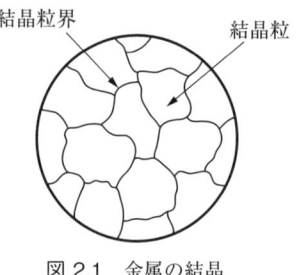

図 2.1 金属の結晶

表 2.2 金属の結晶構造

種 類	体心立方格子（bcc）	面心立方格子（fcc）	稠密六方格子（hcp）
結晶構造			
金属例	Cr, Mo, W, 常温のFe	Ag, Al, Cu, Pb, Pt, Ni	Mg, Zn, 常温のTi

料として利用する場合，金属は合金化される。ある金属にほかの元素を加え，溶かし合わせ均一に混合したものを**合金**（アロイ，alloy）という。

アルミニウムまたはマグネシウムを主成分とする合金を**軽合金**という。合金を構成する各元素を**成分**といい，成分の割合を**組成**という。

純粋な金属（純金属）は1種の元素から成り立っているが，強度や耐食性の向上などの目的からほかの元素を加える。例えば，黄銅（真ちゅう）は銅に亜鉛を加えたものである。

加える元素は普通金属元素であるが，炭素などの非金属元素を加える場合もある。加える非金属元素は少ないので，合金は金属の性質をもっている。この代表例が，鉄と炭素の合金である鋼である。

装飾品としての純金や耐食性を重視して純チタンなどの使用はあるが，純金属

をそのまま用いることは少ない。つまり金属の大部分は合金として利用される。

合金は，元素の混合の仕方によって，固溶体，共晶体，金属間化合物に分けられる。

(1) 固溶体合金

固溶体とは，食塩が水に溶解しているように，1つの金属にほかの金属が溶解しているが，固体状態であるので**固溶体**（solid solution）という。固溶体には図2.2に示すように，溶け込む原子（溶質原子）の入り方によって侵入型と置換型に分けられる。**侵入型**（格子間型）**固溶体**は，溶質原子がベースの溶媒金属結晶格子のすきまに割り込んで入ったものである。一方，**置換型固溶体**は，溶媒金属の結晶格子中の原子が溶質原子で置換されたものである。

(2) 共晶体合金

共晶体合金は，成分金属またはわずかに相手を固溶した固溶体どうしの単なる混合物である。つまり原子的には均一に混ざり合っていないので，共晶体合金の性質は成分金属の平均値になる。

共晶体合金の融点は成分金属の融点より低い性質があるので，はんだやヒューズのように溶けやすいことを必要とする合金に用いられる。

(3) 金属間化合物

金属間化合物は2つの物質が化学的に結合しているもので，一般にかたくて脆い性質をもっている。例えば，W（タングステン）の炭化物（WC）やFe（鉄）の炭化物（Fe_3C）などがある。

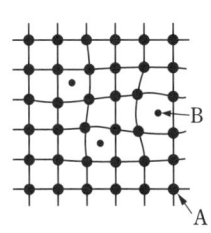
(a) 侵入型固溶体

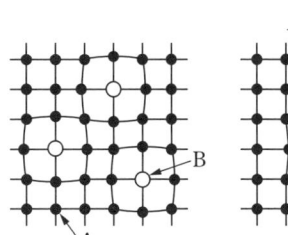
(b) 置換型固溶体

図2.2　固溶体（A：溶媒原子，B：溶質原子）

4 弾性変形と塑性変形

物体に外力を加えると変形が生じる。材料により変形の程度は異なるが,外力を取り除いたとき変形が元に戻る場合,**弾性変形**(elastic deformation)という。加える外力が大きくなると,外力を取り除いても変形は元に戻らなくなる。これを**塑性変形**(plastic deformation)という。塑性変形は原子の動きによるすべりによって起こる。塑性変形がしやすいことは,金属結晶がすべりやすいことを意味している。

展性と**延性**は,弾性変形の限界を超えて永久的に変形する性質(塑性)によって起こる。つまり,金属は塑性変形をする能力が大きい材料である。一方,ガラスやセラミックスなどはその能力が小さい。脆い材料が外力によって破壊するとき,**脆性破壊**という。これに対し,外形的にも相当の塑性変形を伴って破壊するとき,**延性破壊**という。

5 加工硬化と再結晶

金属は加工するとかたくなり,強くなるとともに伸びにくくなる。これは加工によって変形が進むとすべり変形が起こりにくくなるためである。塑性変形の進行に伴い材料の変形抵抗が増大する現象を**加工硬化**(work hardening)という。

図2.3に純銅の加工度(加工の程度)による性質を示す。加工度として,厚さt_0の材料を冷間圧延し厚さをtとしたとき,$(t_0-t)/t_0$で表している。加工が進む

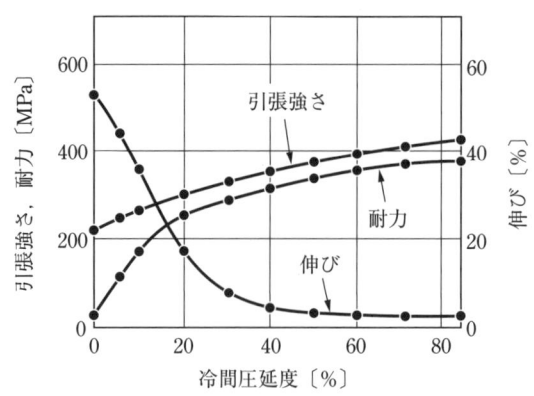

図2.3 圧延加工した純銅の性質

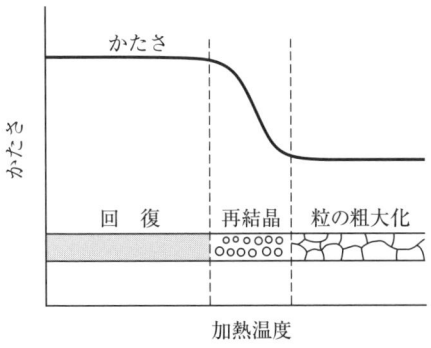

図 2.4 再結晶によるかたさ変化

表 2.3 金属の再結晶温度

金属元素	Fe	Ni	Au	Ag	Cu	Al	Mg	W	Mo	Zn	Pb
再結晶温度〔℃〕	450	600	200	200	200	150	150	1 200	900	常温	常温以下

と材料はかたくなり，強さは大きくなるが，伸びは小さくなることがわかる。

　加工硬化した金属は，その金属に特有な温度まで加熱すると元のやわらかさに戻る。この熱処理を**焼なまし**（焼鈍，annealing）という。図 2.4 に加熱温度とかたさの関係を示すが，ある温度までは加熱してもかたさが変化しない区間（回復期）がある。かたさは変化しなくても内部ひずみは除去されている。かたさが急に下がるのは，材料中に新たな結晶が成長するためで，これを**再結晶**（recrystallization）という。加工度が大きいと再結晶は低い温度で起こる。

　表 2.3 には各種金属の再結晶温度を示した。**再結晶温度**は一般に再結晶が認められる最低温度をいう。再結晶温度以下で加工する場合を**冷間加工**といい，再結晶温度以上での加工を**熱間加工**という。冷間圧延鋼板は常温で加工されるが，熱間圧延鋼板は 800〜900℃で加工される。

2.2 材料試験

　各種の荷重が作用する場合，構成部材が耐えるようにするためには使用される

材料の強さと変形に関する特性，すなわち材料の**機械的性質**（mechanical properties）を知る必要がある。そのため，各種の材料試験があり，静的荷重に対しては引張り，圧縮，曲げ，ねじりの各試験およびかたさ試験がある。

2.2.1 静的強度試験
1 引張試験

引張試験は，材料の機械的性質を求める試験のなかで最も代表的なものである。引張強さや降伏強さ，伸び，絞りなどの材料の特性を評価する。

試験片の形状と寸法が異なると，同じ材料でも測定値が違う場合があるので，JIS では材料試験に用いる形状と寸法が決められている。**JIS**（Japanese Industrial Standard，日本工業規格）とは，日本工業標準調査会が審議し，政府が制定する国家規格のことである。

図 2.5 に，軟鋼の JIS 4 号試験片を引っ張るときの様子を示した。荷重と伸びの関係を表した線図で，**荷重－変形図**という。標点距離は伸びの基準となる長さで，この 4 号試験片では 50 mm と規定されている。図示のように，荷重が増すにつれ伸びが生じて変形し，最後に破断する。C が最大荷重を示し，D で破断したことを示す。この様子を元の断面積で荷重を割った応力と，伸びを元の長さ（標点距離）で割ったひずみで表した線図を**応力－ひずみ図**という。**応力**とは単位面積当たりの力を意味する。

応力－ひずみ図を表した図 2.6 における A を**上降伏点**（upper yield point），B を**下降伏点**という。C が**引張強さ**を示す。図を詳細に見ると，

① 荷重を増すと O から P までは，荷重と伸びは直線的に変化する，つまり応力とひずみは比例する。これを**フックの法則**といい，P の応力を**比例限度**（proportional limit）と称する。

② さらに荷重を増すと，荷重を除いてもひずみが残る。これを**永久ひずみ**といい，永久ひずみを残さない上限の応力を**弾性限度**（elastic limit）と称する。

③ A に達すると，軟鋼に特有な現象が生じて B に至る。A を上降伏点，B を下降伏点と称する。通常，降伏強さには下降伏点の値を用いる。

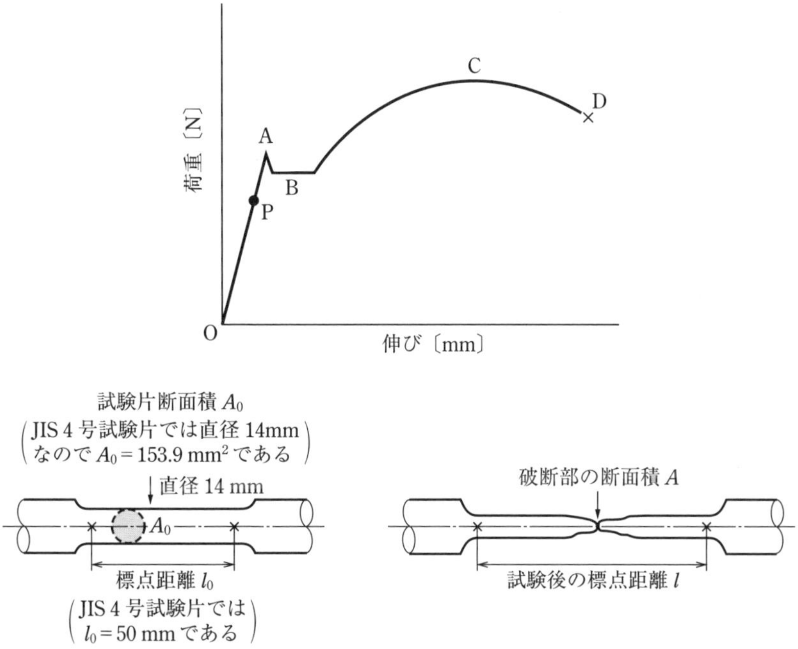

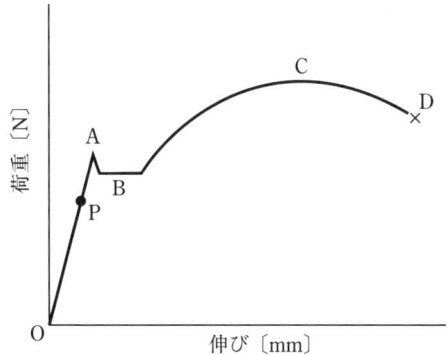

図 2.5 荷重-変形図

④ さらに荷重が増し最大値Cに達すると，試験片にくびれが生じて断面積が減少し，破断に至る。

破断した試験片の標点距離をl，破断部の最小横断面積をAとし，最初の標点距離をl_0，最初の横断面積をA_0とすると，伸びと絞りは次式で求められる。

$$\text{伸び（伸び率, \%）} = \frac{l - l_0}{l_0} \times 100$$

$$\text{絞り（断面収縮率, \%）} = \frac{A_0 - A}{A_0} \times 100$$

伸び，絞りは，材料の延性および展性を表す尺度である。ここでの伸び〔%〕は，伸びの値そのものを示すものでなく，割合を意味している。

アルミニウムや銅などでは，図 2.6 の A，B のような特異な現象は出ないので，降伏点に相当する応力を定める。具体的には，図 2.7 に示すように，0.2%

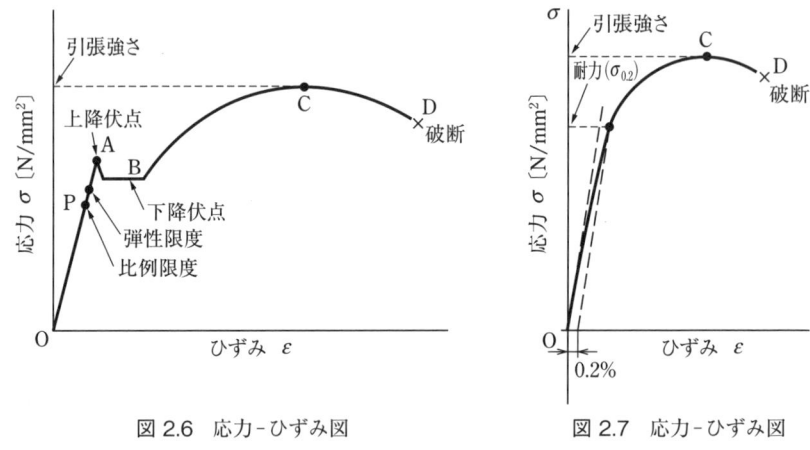

図 2.6　応力-ひずみ図　　　図 2.7　応力-ひずみ図

（0.002）のひずみのところから応力-ひずみ図の直線部分と平行に線を引いて，OCDとの交点の応力を決め，これを**耐力**（proof stress）という。つまり，耐力とは永久ひずみが 0.2% になる応力で，軟鋼の降伏強さに相当するものとして規定する。

　材料により程度の差はあるが，引張試験を行うと，応力とひずみが直線で表される部分（比例関係）が存在する。直線の部分では荷重を戻すと変形も元に戻る。この直線の傾き（応力／ひずみ）を**縦弾性係数**（**ヤング率**，弾性率）E という。E は変形に対する抵抗の度合いを示し，ひずみが無次元量なので，E の単位は応力の単位〔Pa〕である。鉄は 206 GPa，アルミニウムは 70 GPa であるので，アルミニウムのほうが変形しやすいことを意味する。

2　圧縮試験

　圧縮強さを求める試験である。軟鋼，銅，アルミニウムなどの延性材料では，圧縮荷重が増加しても試験片は単に平たくなり，破壊しないので圧縮強さは存在しない。脆性材料では圧縮強さが存在し，圧縮強さは引張強さに比べかなり大きい。例えば，鋳鉄の圧縮強さは，引張強さの数倍の大きさである。

3　曲げ試験

　試験片に曲げモーメントを加えて，曲げに対する強さ（曲げ強さ）を求める試験である。図 2.8 に 3 点曲げ試験の様子を示した。延性材料に曲げ荷重が作用す

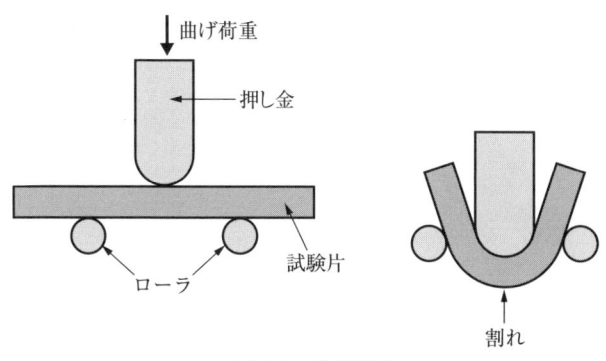

図 2.8　曲げ試験

ると，その試験片はわん曲し，荷重側は縮んで圧縮応力，外側は伸びて引張応力が生じる。わん曲部の外側に生じる割れにより材料の延性を調査する。

　曲げ試験は，脆性材料に対して引張試験の代わりに用いられる。試験片が破断する曲げ強さを求めて引張強さの大きさを判断する資料とする。このような試験を **抗折試験** という。

4　ねじり試験

　試験片にねじりモーメントを加えて，ねじりに対する強さ（せん断強さ）や横弾性係数（剛性率）などを求める試験である。

2.2.2　かたさ試験

　かたさ（hardness）は，ある物体がほかの物体によって変形を与えられたときに示す抵抗の大きさを表す尺度である。かたさ試験には，変形を与える物体（これを圧子という）の種類や変形の与え方などによっていくつかの試験法がある。表 2.4 にかたさ試験の概要を示す。また，表 2.5 にはそれぞれのかたさの相関を示した。

　鋼においては，図 2.9 に示すように，かたさは引張強さに比例するので，材料を破壊しないでかたさを調べることにより強さの程度を知ることが出来る。

表 2.4 かたさ試験の概要

かたさの種類	試験法の概要	備考
ブリネルかたさ (HBS, HBW)	荷重・圧子・試験片・くぼみ くぼみの大きさ(表面積)でかたさを調べる	比較的大きな荷重を圧子に加え，試験片に押し込むため，くぼみの面積が大きくなるので，正確なかたさを測定できる HBSの圧子には鋼球を使う HBWの圧子には超硬合金球を使う 素材の試験に適する
ビッカースかたさ (HV)	荷重・圧子・試験片・くぼみ くぼみの対角線の長さでかたさを調べる	くぼみ計測の誤差が少なく，やわらかい材料からかたい材料まで荷重を変更するだけでかたさ測定ができる。各材料のかたさのの比較が容易である ダイヤモンドの四角錐の圧子を使う。 小物部品，薄板，表面層の試験に適する
ロックウェルかたさ (HRB, HRC)	荷重・圧子・試験片・くぼみ くぼみの深さでかたさを調べる	ブリネルかたさやビッカースかたさと違ってかたさをくぼみの深さによって調べる。そのかたさは直接目盛板に表示される HRBの圧子には鋼球を使う HRCの圧子にはダイヤモンド円錐を使う 素材の試験に適する
ショアかたさ (HS)	おもり・$h-h_0$・h・h_0・試験片 おもりを一定の高さから落とし，その反発高でかたさを調べる	運搬・取扱いが簡単で，被測定物の大きさを制限しないでかたさを測定できる。そのかたさは直接目盛板に表示される(D形) 各種製品の試験に適する

表2.5 鋼に対する各種かたさ

ビッカース HV	ブリネル HBS	ロックウェル		ショア HS	引張強さ（近似値）〔MPa〕
		HRB（Bスケール）	HRC（Cスケール）		
90	86	48	−	−	−
100	95	56.2	−	−	−
130	124	71.2	−	20	430
150	143	78.7	−	24	500
200	190	91.5	−	29	650
250	238	−	22.2	36	800
300	284	−	47.5	42	1 000
350	331	−	35.5	48.5	1 100
400	379	−	40.8	55	1 280
450	425	−	45.3	60.5	1 500
500	465	−	48.4	66	1 700

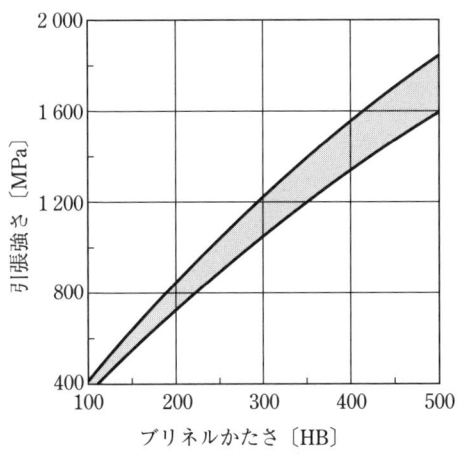

図2.9 炭素鋼におけるブリネルかたさと引張強さ

2.2.3 衝撃試験

　衝撃試験は材料の衝撃に対する抵抗の大小，すなわち材料の粘り強さ（靱性）または脆さ（脆性）を判定するのに用いられる。

　材料が衝撃荷重を受ける場合には，静的荷重を受ける場合と非常に異なった性

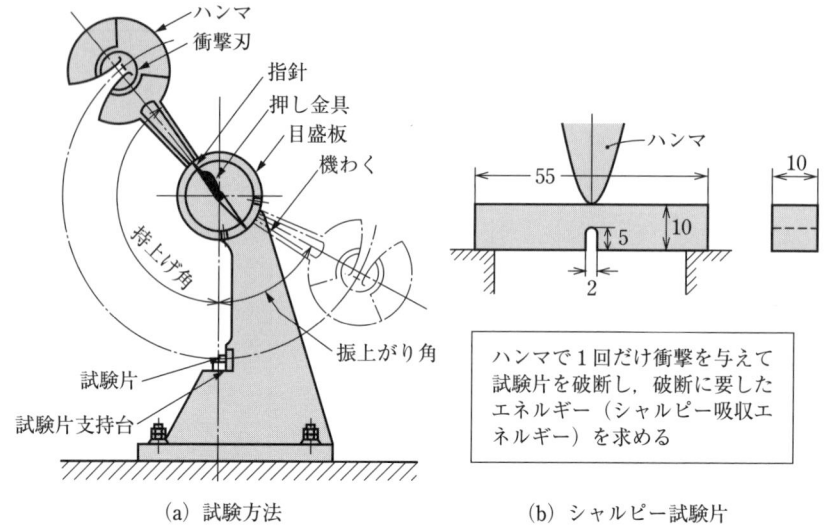

図 2.10　シャルピー衝撃試験機の概要

質を示す。例えば，引張強さが非常に大きい材料でも衝撃値が小さいものがある。一般に引張試験で得られる伸びや絞りの大きな材料は，粘りがあるといえるが，衝撃に対する強さを判断するには十分でない。

図 2.10 に，一般に用いられるシャルピー衝撃試験機の概要を示す。この試験では，切欠きをもつ試験片の背部をハンマで打撃し，試験片の破断に要したエネルギーを求める。そして，求めたエネルギーを切欠底の横断面積で割った値〔J/cm^2〕を衝撃値とする。なお，類似の試験にアイゾット衝撃試験がある。

2.2.4　疲労試験

疲労（疲れ，fatigue）とは，繰返荷重が作用すると材料の強度が低下する現象である。疲労破壊は，材料の引張強さよりかなり小さな応力で生じる。

材料の疲労強度を求める基本的な疲労試験では，図 2.11 に示すような規則的に変化する正弦波応力を試験片に負荷し，破断までの応力の繰返し数（破断繰返し数，疲労寿命）を求める。繰返荷重には，引張り・圧縮，曲げ，ねじりなどがある。

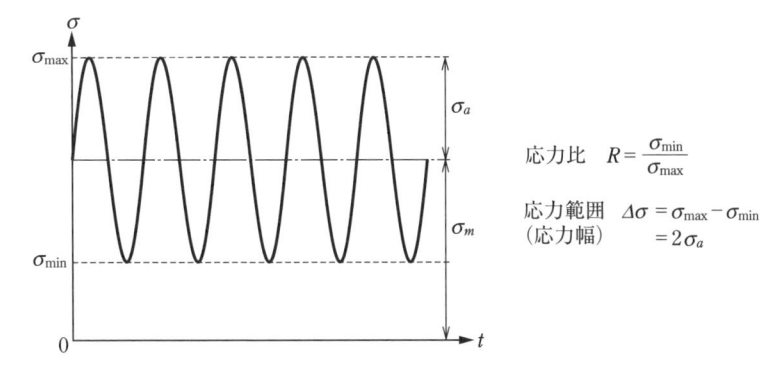

図 2.11 疲労負荷における応力振幅 σ_a と平均応力 σ_m

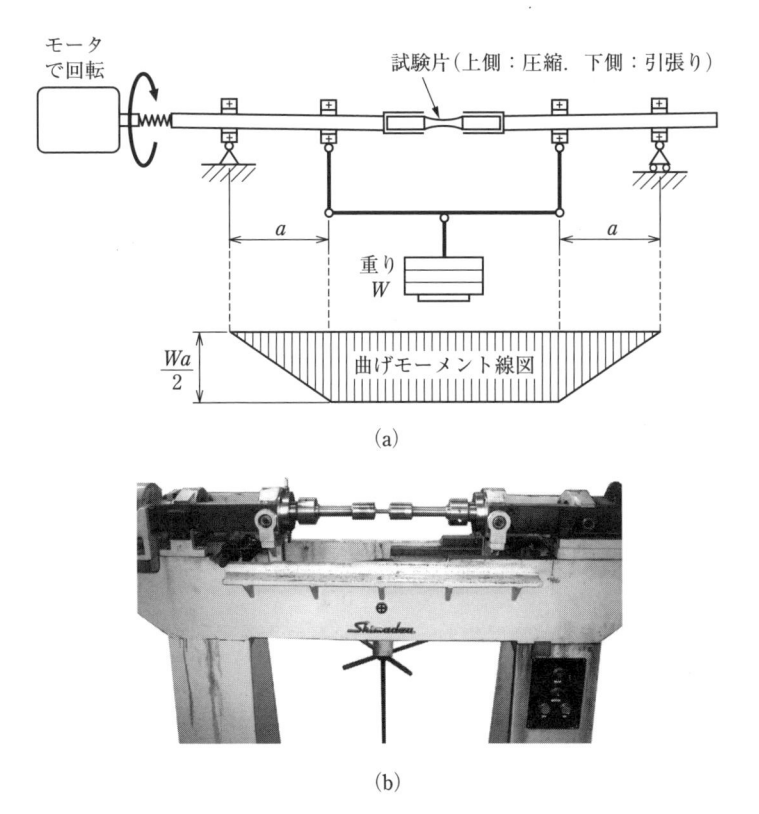

応力比　$R = \dfrac{\sigma_{min}}{\sigma_{max}}$

応力範囲　$\Delta\sigma = \sigma_{max} - \sigma_{min}$
（応力幅）　　　$= 2\sigma_a$

(a)

(b)

図 2.12　回転曲げ疲労試験の概要

2.2 材料試験

図2.12には，代表的な回転曲げ疲労試験機の概要を示した。一定の曲げモーメントを作用させて丸棒を回転させるこの試験機では，試験片表面に平均応力 $\sigma_m = 0$ の正弦波応力が繰り返し負荷される。

図2.13は応力 S（Stress）と破断までの繰返し数 N（Number）の関係を表したもので，**S-N曲線**という。図中の鉄鋼において，曲線の水平部は，これ以下の応力では疲労破壊しないことを意味し，縦軸のこの限界応力を**疲労限度**（fatigue limit）または**耐久限度**という。横軸の繰返し数は対数表示する。

疲労限度は設計の基準応力となるが，図中のアルミニウム合金などでは，$S-N$ 曲線に明瞭な折れ点が現れない。このような場合には，10^7 など特定の破断繰返し数に対する応力（時間強度）を基準応力とする。

疲労破壊は時間が経過して起こる現象であり，部材表面にきずの存在や腐食すると，疲労強度は低下するので注意が必要である。

2.2.5 クリープ試験

常温では，鋼に弾性限度または比例限度以下の応力が長時間作用しても特別の変化は生じない。しかし高温度（融点の1/2以上）では，次第に変形が進む。一定応力の下で時間の経過に伴い変形が進行する現象（ひずみが増加する現象）

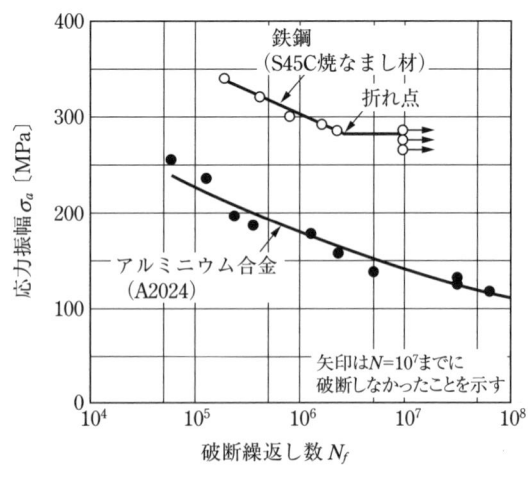

図2.13 $S-N$ 曲線（回転曲げ疲労）

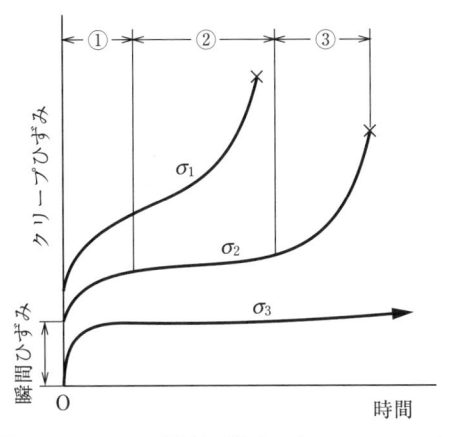

図 2.14　クリープ曲線（温度一定，$\sigma_1 > \sigma_2 > \sigma_3$）

をクリープ（creep）という。この現象は，温度が一定ならば応力が大きいほど，応力が一定ならば温度が高いほど顕著になる。

図 2.14 には，温度一定の場合の**クリープ曲線**（クリープひずみと時間の関係）を示した。通常クリープ曲線は，図中①，②，③の 3 段階に分かれる。応力が作用した直後，ひずみが急速に増加する①段階（**遷移クリープ**，第 1 期クリープ），次にクリープ速度が一定で，クリープ曲線が右上がりの直線になる②段階（**定常クリープ**，第 2 期クリープ），そしてクリープ速度が増加してひずみが急激に増大する③段階（**加速クリープ**，第 3 期クリープ）である。

応力が大きいほど，クリープひずみの時間に対する割合（クリープ速度）は大きい。応力が小さいと，定常クリープにおけるクリープ速度は 0 になる。その応力の最大値を**クリープ限度**という。

クリープ限度は材料のクリープ強さを表す代表的な量であるが，実測は容易でない。そこで，ある一定の時間後に一定のクリープ速度になる応力をクリープ限度としている。また，ある一定の時間後に一定のクリープひずみを生じる応力を求め，クリープ強さを定める方法もある。

一方，図 2.15 にはステンレス鋼のクリープ破断試験の結果を示したが，負荷応力や温度が高くなると破断時間が短くなることがわかる。このように比較的大きな応力を加えてクリープ破断させ，規定された時間（1 000 時間）に対する応

図 2.15 クリープ破断試験

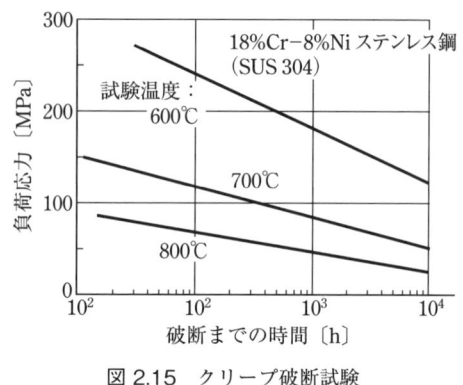

力（クリープ破断強さ）でクリープ強さを表す方法がある．この方法では，例えば，ニッケル基耐熱合金の 1 000 時間クリープ破断強さは，730℃で 450 MPa というように示す．

2.3 非破壊試験

非破壊試験（非破壊検査）は，材料または製品の表面や内部に欠陥（基準値を超えるきず）がないかを破壊しないで調査する方法で，信頼性の確保が目的である．その試験法には，浸透探傷法，磁粉探傷法（磁気探傷法），超音波探傷法，放射線探傷法などがある．

浸透探傷法と磁気探傷法は，表面や表層部の欠陥の検出に利用される．一方，超音波探傷法と放射線探傷法は，内部欠陥の検出に利用される．

1 浸透探傷法

浸透探傷法の目的は，試験体の表面に開口している微細なきずを拡大して見つけ出すことにある．

液体を材料表面にたらすと，割れなどのきずがあると浸み込んでいく．見やすい色，あるいは蛍光を発する液体（浸透液）を割れに浸入させた後に表面に吸出し，実際のきずより大きく見やすい色，あるいは輝きをもった模様（指示模様）として現れることを利用してきずを検出する．

(a) 前処理　　　(b) 浸透処理　　　(c) 除去処理

(d) 現像処理

図 2.16　浸透探傷法の基本作業

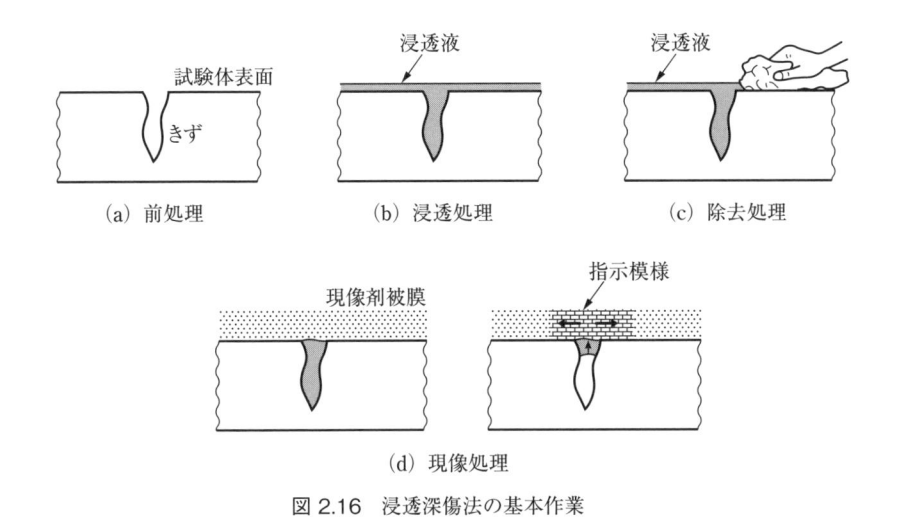

基本作業は，図 2.16 に示すように，(a) 前処理（きずの洗浄），(b) 浸透処理，(c) 除去処理，(d) 現像処理，そして観察となる。

2 磁粉探傷法（磁気探傷法）

磁粉探傷試験は，強磁性体の試験体に磁束を流して磁粉を散布し，きず部に吸着されて形成する磁粉模様を観察する方法である。

磁石に吸着される材料を強磁性体というが，鉄鋼材料の多くは強磁性体である。強磁性体は磁化されると，材料内部に磁気の流れ（磁束）が発生する。磁束は強磁性体中では流れやすく，非磁性体中では流れにくい。

割れなどのきずがあると，磁気の流れが遮られ，図 2.17 に示すように，多くの磁束はきず部を迂回し，材料の表層部の磁束はきず部近傍では空間に漏洩することになる。そのため，試験体に散布された磁粉がきず部に吸着される。この現象を利用して試験体の表面や表層部に存在する欠陥を検出する。

試験体の磁化方法，つまり磁束を流すための方法には，強磁性体に電流を流すことにより，そのまわりに形成される磁界を利用，あるいは磁石を強磁性体に当てて磁束を供給する。図 2.18 には，クランクシャフトの磁化方法の一例を示した。きずの方向を考えて，直交する 2 方向からの磁化方法（軸通電法とコイル法）が採用されている。つまり試験体の軸方向に電流を流すと，試験体の円周方

漏洩磁束　試験体表面　きず

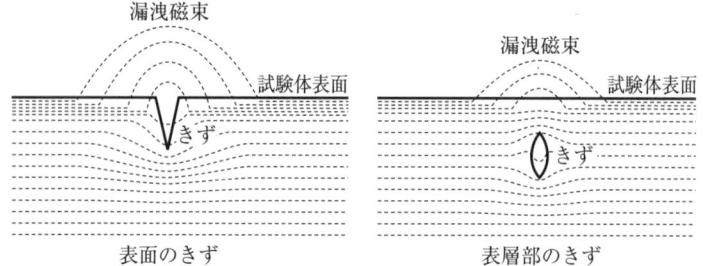

表面のきず　　　　表層部のきず

(a) きずによる磁束の漏洩

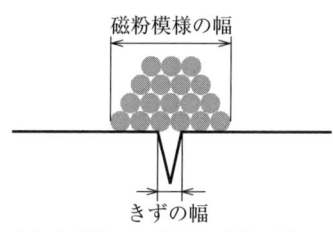

磁粉模様の幅

きずの幅

(b) きず部への磁粉の吸着の様子

図 2.17　磁粉探傷法

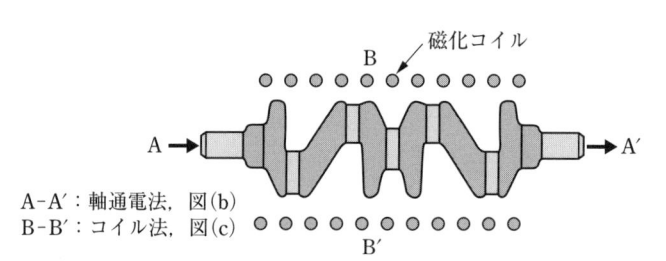

磁化コイル

A-A′：軸通電法，図(b)
B-B′：コイル法，図(c)

(a) クランクシャフトのきずの検出

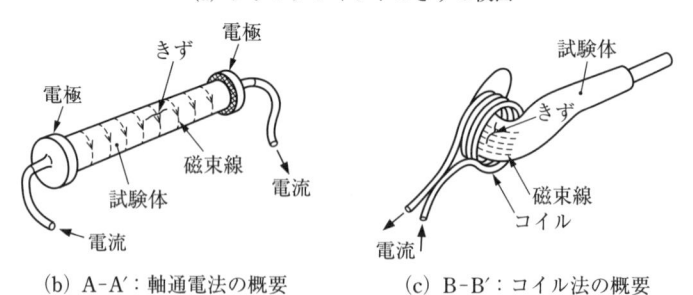

電極　きず　電極　電流　磁束線　試験体

(b) A-A′：軸通電法の概要　　(c) B-B′：コイル法の概要

図 2.18　クランクシャフトの磁化方法の例

向に磁束が生じるので，軸方向に平行なきずが検出されやすい。

3 超音波探傷法

超音波とは，人に聞こえない周波数の高い音である。超音波が金属のような物体を直進するとき，異なった物体や空隙との境界面で反射する。この性質を利用して，物体内の欠陥を検出する。

4 放射線探傷法（放射線透過試験）

放射線透過試験の目的は，試験体中の欠陥を検出することにある。放射線には多くの種類があるが，X線，γ線，中性子線は物質を透過する能力が大きい。

一般に放射線透過試験といえば，X線とγ線による透過試験を意味する。試験体中の欠陥部を通過した場合と欠陥がないところを通過した場合に，透過線の強さが異なることを利用して物体内の欠陥を検出する。透過検査が可能な試験体の厚さは，鉄鋼で約 300 mm，アルミニウムで約 800 mm である。

第3章

金属材料・鉄鋼

　自動車を構成する主な材料である**鉄鋼**は，金属材料の代表である。一般に鉄といえば鉄鋼のことを指している。強さ，剛性，かたさ，加工性など優れた性質をもっており，そのうえ値段も安いので大量に使われている。自動車における鉄鋼材料を見ると，ボディなどに使われる鋼板，エンジン部品などに使われる構造用鋼や鋳鉄などがある。

3.1 鉄と鋼

　鉄（iron，Fe）は比重7.9，融点約1 535℃の灰色の金属である。地球上の金属ではアルミニウム（Al）に次いで多い。弾性率（縦弾性係数）は206 GPa（21 000 kgf/mm^2），剛性率（横弾性係数）は約81.4 GPa（8 300 kgf/mm^2）である。Feは，活性が高いために自然界では純粋な鉄として存在することはなく，酸化鉄（Fe_3O_4など）の形の鉄鉱石として存在する。

　溶鉱炉（高炉）で鉄鉱石からつくり出したものが**銑鉄**(せんてつ)である。銑鉄は鋳鉄の原料にも利用されるが，大部分は，鋼をつくるのに用いられる。溶鉱炉でつくられた銑鉄（3～4％のCを含む）中のCを減少させるために，転炉中でOを吹き込み，Cと不純物を酸化燃焼させて取り除く。転炉中では，さらに合金元素を投入して成分調整を行う。

　鉄鋼は，表3.1に示すように，鉄と鋼（スチール）を意味している。鉄は不純物をほとんど含まない**純鉄**と，Cを多量に含有する**鋳鉄**に分けられる。一方，鋼は**炭素鋼**（普通鋼）と炭素鋼に合金元素を添加した**合金鋼**（特殊鋼）に大別され

表3.1 鉄鋼材料の分類

名　　称			およそのC量〔%〕
鉄鋼	鉄 (iron)	純鉄 (pure iron)	—	0〜0.02
		鋳鉄 (cast iron)	—	2.1〜6.7
	鋼 (steel)	炭素鋼 (carbon steel)	低炭素鋼	<0.25
			中炭素鋼	0.25〜0.6
			高炭素鋼	0.6<
		合金鋼 (alloy steel)	低合金鋼	<0.5
			高合金鋼	

る。通常炭素含有量が0.02%以下のものを純鉄，0.02〜2.14%のものを鋼，2.14〜6.67%のものを鋳鉄という。

炭素鋼とはFeに約0.02〜2.1%のCのほか，Si，Mn，P，Sを含むFe-C合金で，鉄鋼材料のベース材料である。その主役である**軟鋼**とは，0.25%C以下の炭素鋼である。特殊鋼とは，炭素鋼にクロムやニッケルなどいろいろな元素を加えたもので，耐食性や耐熱性など特殊な性質を示す鋼である。つまり，使用部品の要求される機能に対応するように改良されてきた材料で，ステンレス鋼，工具鋼，ばね鋼，軸受鋼，耐熱鋼，快削鋼など多種多様である。このように，ひと言で鋼といっても多くの種類がある。

1　製鉄

産業素材としての鉄を得るためには，鉄鉱石中の酸素を奪い取る必要がある。その工程を**製鉄**という。鉄鉱石から酸素を奪う方法に高炉での製鉄法がある。これは大きいものでは，高さ140 mの大きなダルマストーブのような炉の上から鉄鉱石とコークス（蒸し焼きにした石炭）そして石灰（CaO）を入れ，1 200℃以上の高熱の風を送る。高炉内で鉄鉱石が化学反応を起こして，炉の下からお湯のような，高温で真っ白にしか見えないサラサラの鉄が出てくる。このように高炉法では，炭素の塊であるコークスを入れ高温にすると，鉄鉱石中の酸素が炭素と結びついて抜けていく。

高炉でできた鉄（銑鉄）をそのまま型に流し込んでつくるのが，昔のダルマストーブの鋳物である。

2 製鋼

自動車のボディ用などに強度が求められる鋼は，銑鉄を転炉に入れて，銑鉄に含まれる炭素の量などを調節してつくられる。これを**製鋼**という。自動車ボディの薄板鋼板は，高炉でつくられる純度の高い鉄が用いられる。不純物が多いとプレスしたときに割れたり穴が開いたりしてしまうためである。

高炉のほかに電炉で鋼をつくる方法もある。これは，スクラップ鉄を大きな炉に入れ，数万℃になる火花を落雷のように飛ばし続け，炉内を数千℃にして，スクラップ鉄を湯のように溶かす方法である。

3 鋼板の製造工程

図 3.1 に鋼板の製造工程を示す。図中のスラブとは鋼板用の鋼片で，これを圧

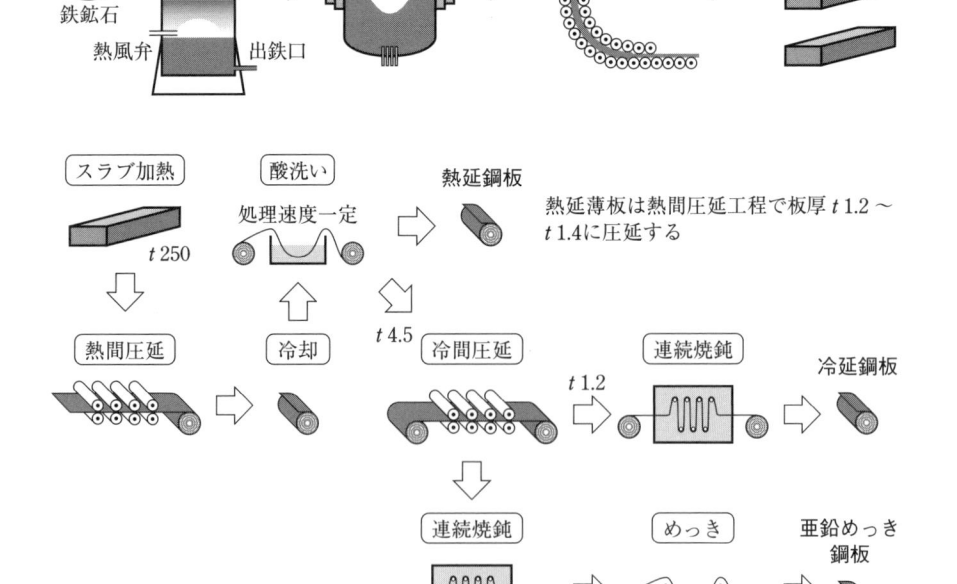

図 3.1 鋼板の製造工程

延することにより鋼板を製造する。

　条鋼用の鋼片をブルーム，ビレットと称するが，スラブ，ブルーム，ビレットから圧延や押出し，引抜きなどを行い，板材，棒鋼（断面が円形や正方形などの棒状の鋼材），形鋼（断面がH形やI形などの鋼材），線材，鋼管などをつくっている。

3.2 鋼板

　鋼板は自動車において最も使用量が多い。鋼板は，製造工程の違いにより冷間圧延鋼板と熱間圧延鋼板に大別され，それぞれに強さによる区分として軟鋼板と高張力鋼板がある。また，防錆のため鋼板表面にめっきが施されているのが表面処理鋼板である。

　モノコックボディは，全体で350点ほどの部品をスポット溶接で組み立てたものであり，各部品は薄鋼板（0.6〜1 mm程度）をプレス成形したものであるが，補強のため，一部の部品は厚めの鋼板（2 mm程度）も使われる。ボディに使われる薄鋼板は，表面精度の高い冷間圧延鋼板（軟鋼板）が使われるが，軽量化および強度向上のため，高張力鋼板が各所に採用されている。また，防錆性能向上のため，表面処理鋼板の採用が増えている。

1　熱間圧延鋼板

　熱間圧延鋼板は，700℃以上の温度で圧延して所定の厚さにした後，酸化物などを除去する酸洗処理が施される。熱間圧延鋼板は，主に板厚1.6 mm以上の比較的厚い強度部材に使用される。

2　冷間圧延鋼板

　冷間圧延とは素材を加熱することなく，常温のまま圧延加工することを意味する。熱間圧延した軟鋼板を酸洗いした後，常温のまま圧延した鋼板を**冷間圧延鋼板**という。冷間圧延を行うのには，非常に大きな力が必要である。この加工を行うとき，素材とローラーの間に滑りが生じ，ローラーで素材表面がこすられるので，表面は美しく仕上げられることになる。

　冷間圧延鋼板は，その表面の美麗さと優れた加工性のため，ボディの大部分に

使用されている。その板厚は0.6～1.0 mmが中心である。JIS規格（日本工業規格）では，SPCの後にC，D，Eの記号を付けたSPCC，SPCD，SPCEの3種類の冷間圧延鋼板がある。その特性を表3.2に示すが，伸び〔%〕が異なる。

一般加工用のSPCCは必要加工度の低い部品，例えば，ドア，ルーフなどに使用され，必要加工度が高い部品にはSPCDやSPCEの加工性の高い鋼板が使用される。例えば，SPCEはフェンダ，燃料タンクなどに用いられている。

一般に引張強さが高くなると，降伏強さは高くなり，伸びは低くなる。鋼板の絞り加工性を調べる方法にエリクセン試験，コニカルカップ試験がある。しかし引張試験によって求められるr値（ランクフォード値）およびn値（加工硬化指数）によって検討される場合も多い。冷間圧延鋼板ではr値が1.5以上，n値が0.24以上の場合，深絞り性が良いといわれる。

各冷間圧延軟鋼板の伸びとr値の関係を図3.2に示す。いずれも伸びとr値が大きいほどプレス成形性は良い。図中のIF（Interstitial Free）鋼は，プレス成形性に優れた鋼板である。プレス成形性は，一般に炭素，窒素などの侵入型の不純

表3.2 冷間圧延鋼板の特性

記号	適用	引張強さ〔MPa〕	伸び〔%〕
SPCC	一般用	>270	>（37）
SPCD	絞り用	同上	>39
SPCE	深絞り用	同上	>41

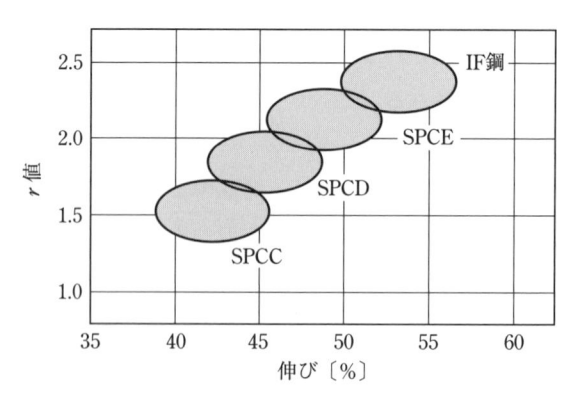

図3.2 冷間圧延鋼板の伸びとr値

物元素が少ないほど良好になる．IF 鋼は，これらの不純物元素を製鋼段階で鋼中から極力排除する一方，チタンやニオブなどを添加し，鋼中に少量残存する炭素と窒素に対して化合物（例えば，TiC や TiN）をつくることで炭素，窒素を固定し，プレス成形に対する影響を抑えた鋼種である．

3 高張力鋼板

高張力鋼板（high tensile strength steel）とは，引張強さが 340 MPa 以上の薄鋼板の総称で，**ハイテン**と称されている．1970 年代のオイルショックによる自動車の燃費向上が引き金となり，ボディ軽量化の必要性から，高張力鋼板が採用され始めた．通常の鋼板（300 MPa）より板厚を薄くすることができるため軽くなる．自動車では 440 MPa 程度のものが多用されている．

(1) 高張力鋼板の性質

自動車用加工性冷間圧延高張力鋼板は，SPCC 製ボディ部品などを軽量化するため開発された．JIS では，表 3.3 に示すように，絞り加工用 2 種類，加工用 5 種類，低降伏比型 5 種類，そして焼付硬化型 1 種類で構成されている．

鋼板は，引張強さ，降伏強さばかりでなく，プレス成形性やスポット溶接などの加工性にも優れる必要がある．表 3.4 には，自動車用加工性冷間圧延高張力鋼板の特性を示した．

高張力鋼板の開発の基になった鋼は炭素鋼で，この鋼に対する加工熱処理，あるいは合金元素の添加などによって性能の向上が図られている．

① **固溶強化型高張力鋼板** 鉄の結晶中に炭素，ケイ素，マンガン，リンなどの原子半径の異なる原子を固溶させて，結晶格子をひずませて鋼を強化した鋼板である．この鋼板は多用され，JIS では絞り加工用として規定されている．

プレス成形性に優れた IF 鋼をベースにリンを添加し，深絞り性に優れた高張力鋼板もある．

② **析出強化型高張力鋼板** 鉄に微量のチタン，ニオブ，バナジウムなどを添加し，これらが微細な炭化物や窒化物として鋼中に析出・分散することによって，鋼を強化した鋼板である．JIS では加工用として規定されている．

③ **複合組織型高張力鋼板** 鋼の組織については 3.3 節で述べるが，展性や延性のよいフェライト組織中に，かたくて強靱なマルテンサイト組織を適量分布

表3.3　自動車用加工性冷間圧延高張力鋼板

種類の記号	引張強さ〔N/mm²〕	降伏点または耐力〔N/mm²〕	伸び〔%〕		備　考
			厚さ〔mm〕		
			0.6以上 1.0未満	1.0以上 2.3以下	
SPFC 340	340以上	175以上	34以上	35以上	絞り加工用
SPFC 370	370以上	205以上	32以上	33以上	
SPFC 390	390以上	235以上	30以上	31以上	加工用
SPFC 440	440以上	265以上	26以上	27以上	
SPFC 490	490以上	295以上	23以上	24以上	
SPFC 540	540以上	325以上	20以上	21以上	
SPFC 590	590以上	355以上	17以上	18以上	
SPFC 490Y	490以上	225以上	24以上	25以上	低降伏比型
SPFC 540Y	540以上	245以上	21以上	22以上	
SPFC 590Y	590以上	265以上	18以上	19以上	
SPFC 780Y	780以上	365以上	13以上	14以上	
SPFC 980Y	980以上	490以上	6以上	7以上	
SPFC 340H	340以上	185以上	34以上	35以上	焼付硬化型

表3.4　自動車用加工性冷間圧延高張力鋼板の特性

記号	引張強さ〔MPa〕	降伏強さ〔MPa〕	伸び〔%〕
SPFC 390	>390	>235	>31
SPFC 490	>490	>295	>24
SPFC 590	>590	>355	>18

　させた複合組織をつくり出して強度と加工性を高めたものが複合組織型高張力鋼板である。このフェライトとマルテンサイトの2相組織の鋼板をDP（Dual Phase）鋼板という。

　TRIP（Transformation Induced Plasticity）鋼板は，フェライト，ベイナイト，残留オーステナイトの複合組織型高張力鋼板で，変形時にオーステナイトがマルテンサイトに変態し，高い加工性を示す。

　複合組織型鋼板は，同じ高強度であっても析出強化型に比べ延性が高い。つまりプレス成形性に優れている。JISでは低降伏比型として規定されている。

降伏比（降伏強さ／引張強さ）が低く，伸びが大きいので，強さが高くある程度の成形性が必要な部位であるバンパリンフォースやドアインパクトビームなどに使用されている。

④　焼付硬化型高張力鋼板　　焼付硬化（BH：Bake Hardenability）タイプの高張力鋼板は，プレス成形時は軟質，つまり降伏強さが低いが，塗装焼付時の170℃前後の熱によって降伏強さが上昇するものである。フロントフードやトランクリッドなどの外板パネルに利用されている。

(2) 高張力鋼板の利用

高張力鋼板を使うとき，ボディの各部位の強度を考える必要がある。その項目は次の5つである。

①　疲労強度（繰返し入力に対する耐久性）
②　大変形強度（衝撃などの大入力に対する強さ）
③　耐デント性（外板パネルを手で押さえた状態で発生する局部的なへこみに対する抵抗）
④　張り剛性（外板パネルのべこつきに対する剛性）
⑤　ボディ剛性（ボディ全体の曲げおよびねじりに対する剛性）

高張力鋼板は，①，②，③を重視する場合に有効となる。つまり，材料の疲労強さはその引張強さに比例し，また大変形強度，耐デント性は降伏強さに比例するためである。

高張力鋼板は軟鋼板に比べて，引張強さと降伏強さが高い。その分だけ部位の板厚を薄くでき，10〜20％程度の軽量化が図れる。例えば，センタピラーの場合，軟鋼板では必要な板厚は1.0 mmだが，340 MPa級の高張力鋼板を採用すると0.9 mmに薄くできる。つまり，約10％の軽量化が可能になる。

一方，④，⑤のように部品に求められる剛性によって，板厚を決める場合には，高張力鋼板による軽量化は期待できない。高張力鋼板に切り替えても，板厚を薄くして軽量化することはできない。つまり，部品の剛性は材料の強さではなく，材料の弾性率（縦弾性係数，ヤング率）と板厚などによって決まるが，弾性率は軟鋼も高張力鋼板も同じである。次章で述べるアルミニウムの弾性率は鋼より小さい。

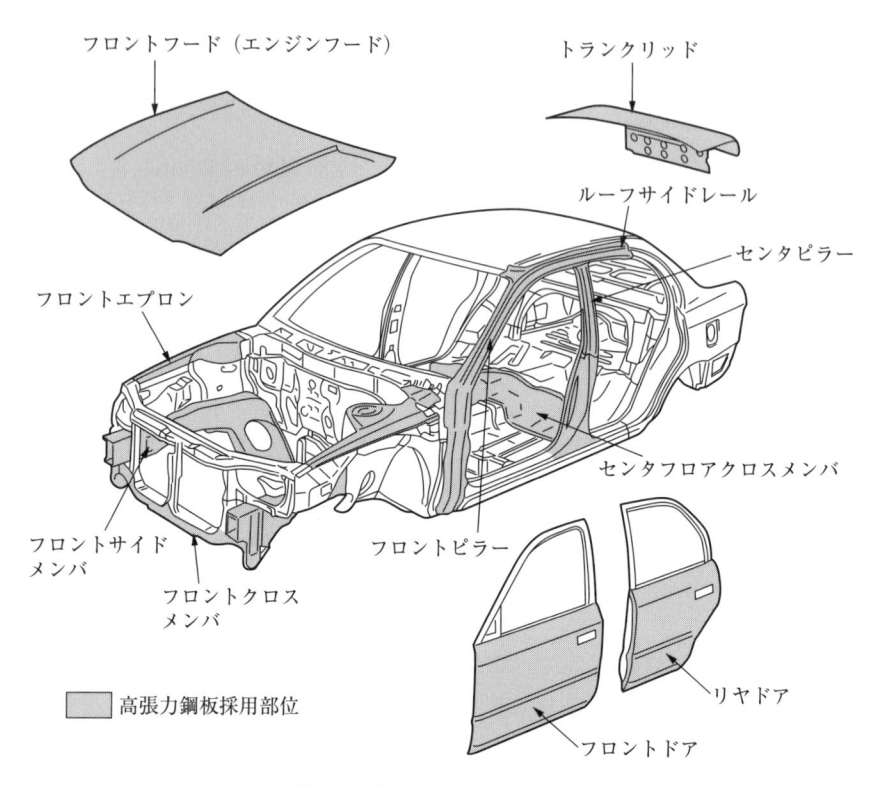

図 3.3　高張力鋼板使用部位の例

　図3.3にボディへの高張力鋼板の採用例を示す。高張力鋼板の採用が有効な部品例は，耐久性や変形強度が要求されるフレーム，ピラー，メンバ類，そして耐デント性が要求されるフロントフード，トランクリッドなどの外板パネルなどである。

4　表面処理鋼鈑

　ボディの防錆用として使用されている表面処理鋼板の被膜の構造を表3.5に示す。**表面処理鋼板**は一般に亜鉛めっき鋼板が中心で，亜鉛が犠牲的に溶出して鉄を保護する。防錆に対して亜鉛は非常に大きな働きをする。

　めっき鋼板は，めっきの方法により溶融めっき鋼板と電気めっき鋼板に分類される。

表 3.5 表面処理鋼板の被膜の構造

鋼　板	被膜構造	備　考
溶融亜鉛めっき鋼板（GI）	Zn / 鋼板	溶融めっき
合金化溶融亜鉛めっき鋼板（GA）	Zn－(7～15)％Fe	
2層合金化溶融亜鉛めっき鋼板	Zn－80％Fe / Zn－(7～15)％Fe	
電気亜鉛めっき鋼板	Zn	電気めっき
電気亜鉛合金めっき鋼板（亜鉛-ニッケル合金）	Zn－(11～15)％Ni	
薄膜有機複合めっき鋼板	有機被膜 / Zn－(11～15)％Ni ／クロメート	有機塗料
ジンクロメタル鋼板	ジンクロメット被膜 / ダクロメット被膜	亜鉛クロム系塗料

(1) 溶融めっき鋼板

溶融めっき法（浸せきめっき法）は，亜鉛の溶融点以上の高温浴槽に鋼板を通してめっき層（皮膜）を形成する。

① 溶融亜鉛めっき鋼板　　溶融亜鉛めっき鋼板は **GI 鋼板**（Galvanized Sheet Steels）と称される。

② 合金化溶融亜鉛めっき鋼板　　鉄の合金処理を行った合金化溶融亜鉛めっき鋼板は，**GA 鋼板**（Galvanealed Sheet Steels）と称される。合金化とは，溶融亜鉛めっき鋼板の塗装性や溶接性を改善するため，溶融亜鉛めっき鋼板を加熱して，鋼板の鉄（Fe）と亜鉛（Zn）を反応させて合金化させる意味で，均質な鉄・亜鉛合金のめっき層を形成する。

③ 2層合金化溶融亜鉛めっき鋼板　　合金化溶融亜鉛めっき鋼板（GA 鋼板）に鉄・亜鉛合金の電気めっき層を付け加えたものである。**2層 GA 鋼板**とも称

される。めっきの2層化は，塗装外観を高める。

(2) 電気めっき鋼板

電気めっき法は，一般にめっきといわれるもので，鋼板を陰極にして電解を行い，鋼板表面にめっき材を析出させる。

① 電気亜鉛めっき鋼板

② 電気亜鉛合金めっき鋼板　電気亜鉛合金めっき鋼板は，めっき層に亜鉛・ニッケル合金を用いたものである。この鋼板に鉄・亜鉛めっき層を加えたものを2層亜鉛・ニッケル合金電気めっき鋼板という。なお，2層亜鉛・鉄合金電気めっき鋼板は，亜鉛・鉄合金電気めっき鋼板の上に鉄・亜鉛めっき層を付け加えたものである。

③ 有機複合めっき鋼板　有機複合めっき鋼板は，亜鉛・ニッケル合金の電気めっき鋼板にクロメート処理（防錆処理）を施し，その上に有機塗料を塗布して防錆効果をさらに高めたものである。有機複合めっき鋼板は，塗装鋼板あるいはデュラスチールとも称され，ジンクロメタル鋼板（商品名）の耐食性，成形性，溶接性などを改良したものである。ジンクロメタル鋼板は，亜鉛クロム系塗料を焼き付け，その塗膜によって防錆を行うものである。

5 ラミネート鋼板（積層鋼板）

ラミネート鋼板は，ボディの軽量化，走行時の遮音や制振による快適性の向上を目的として開発された積層鋼板で，フロアパネル，ダッシュパネルに使われる。

ラミネート鋼板の構造は，図3.4に示すように，2枚の鋼板の間に振動や音を吸収するように，樹脂やその他の非金属材料を挟んだサンドイッチ構造になっている。

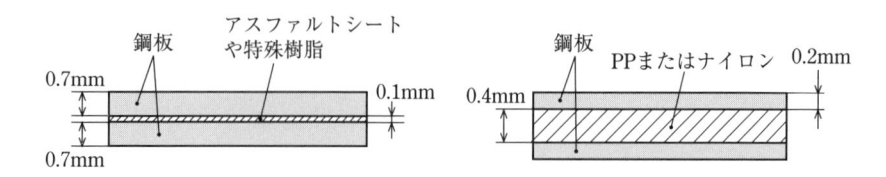

図3.4 積層鋼板の構造例

3.3 炭素鋼（普通鋼）

鋼を代表する材料が炭素鋼である。炭素鋼は炭素量に応じて，その性質（強さ）が決定される。純鉄はやわらかく実用には向かない。一般に使われるのが鋼で，炭素を主な合金元素とする鋼が炭素鋼である。一方，炭素以外の合金元素，例えば，マンガン，ケイ素，ニッケル，クロム，モリブデンなどを加えた鋼を**合金鋼**という。つまり鋼は炭素鋼と合金鋼に大別される。

3.3.1 炭素鋼の性質

炭素鋼（carbon steel）は炭素を最大約 2% まで含有する鉄−炭素合金で，炭素のほかにケイ素，マンガン，リン，硫黄などを少量含んでいる。炭素鋼は，**軟鋼**と**硬鋼**に大別される。

炭素鋼は炭素量に応じて，図 3.5 に示すように，引張強さや伸びが変化する。炭素の含有量が 1.0% に達するまでは引張強さとかたさは増加するが，伸びは逆に減少し，延性および展性は低下する。

(1) 炭素鋼の分類

炭素鋼は炭素の含有量によって機械的性質が変化するので，低炭素鋼，中炭素

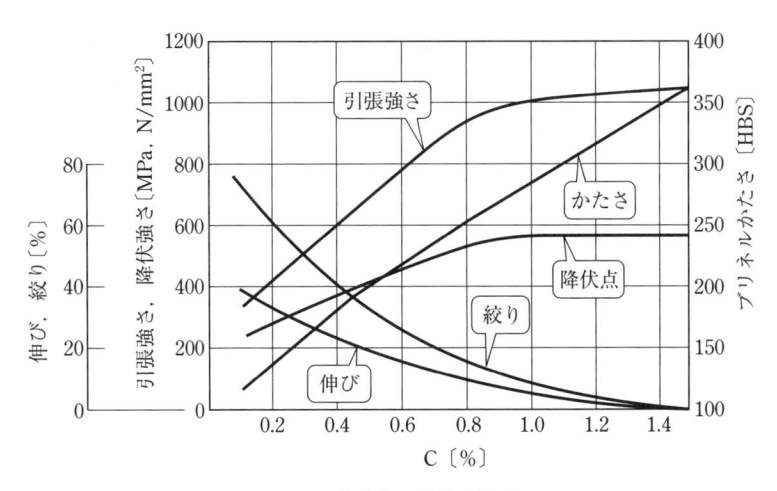

図 3.5　炭素鋼の機械的性質

表3.6 炭素鋼の分類

種別	炭素含有量〔%〕	引張強さ〔N/mm^2〕	伸び〔%〕
特別極軟鋼	0.02～0.08	280～320	30以上
極軟鋼	0.08～0.15	280～320	30以上
軟鋼	0.15～0.30	320～400	24以上
半軟鋼	0.30～0.45	500～550	17以上
硬鋼	0.45～0.60	550～650	14以上
極硬鋼	0.60～0.90	650以上	9以上
炭素工具鋼	0.60～1.50	—	—

鋼,高炭素鋼と分類される(表3.1)。また表3.6に示すように,炭素量が少なくやわらかい極軟鋼から,軟鋼,中硬度鋼,硬鋼などと,炭素が多くなるにつれてかたくなることを示した分類がある。

(2) 機械構造用炭素鋼

機械構造用炭素鋼は,表3.7に示すように,化学成分別(Cパーセント)分類になっている。例えば,S10Cは炭素含有量が0.1%,S45Cでは0.45%のように平均Cパーセントで表される。

S-C材(機械構造用炭素鋼)は,S10Cから始まりS58Cまで規定されている。炭素量(C量)でみると,0.08～0.61%である。それ以上になると,工具鋼(JIS記号,SK,3.4.7項)になる。

S-C材には,**肌焼鋼**(case hardening steel)としてS09CK,S15CK,S20CKがある。Kとは高級(Koukyu)のKであり,S-CK材は特にP,S,Cu,Ni+Crの含有量がS-C材よりも少なく規定されている。肌焼鋼とは浸炭に用いられる鋼のことで,機械構造用炭素鋼のほかにCr鋼,Cr-Mo鋼,Ni-Cr鋼,Ni-Cr-Mo鋼などがJISで指定されている(3.3.4項)。

機械構造用炭素鋼の鋼種は炭素鋼であるが,特殊鋼扱いになっているのは,化学成分,特にP(リン),S(硫黄)が高級鋼なみに制限されて規格が決められていることによる。

機械構造用炭素鋼は,コンロッド(S45C)やクランクシャフト(S55C)に使用されている。クランクシャフトの概要を図3.6に示した。

表 3.7 機械構造用炭素鋼

種類の記号	化学成分 [%]					用途例
	C	Si	Mn	P	S	
S10C	0.08〜0.13	0.15〜0.35	0.30〜0.60	0.030以下	0.035以下	ハウジングエンド, バルブスプリングリテーナ, ボールジョイントソケットなど
S12C	0.10〜0.15	〃	〃	〃	〃	
S15C	0.13〜0.18	〃	〃	〃	〃	
S17C	0.15〜0.20	〃	〃	〃	〃	
S20C	0.18〜0.23	〃	〃	〃	〃	
S22C	0.20〜0.25	〃	〃	〃	〃	
S25C	0.22〜0.28	〃	〃	〃	〃	
S28C	0.25〜0.31	〃	0.60〜0.90	〃	〃	
S30C	0.27〜0.33	0.15〜0.35	0.60〜0.90	0.030以下	0.035以下	ロアアーム, エンドチューブ, エクステンションシャフトなど
S33C	0.30〜0.36	〃	〃	〃	〃	
S35C	0.32〜0.38	〃	〃	〃	〃	
S38C	0.35〜0.41	〃	〃	〃	〃	
S40C	0.37〜0.43	〃	〃	〃	〃	
S43C	0.40〜0.46	〃	〃	〃	〃	
S45C	0.42〜0.48	0.15〜0.35	0.60〜0.90	0.030以下	0.035以下	コンロッド, クランクシャフト, ドラグリンク, シフトフォーク, カムシャフト, ナックルなど
S48C	0.45〜0.51	〃	〃	〃	〃	
S50C	0.47〜0.53	〃	〃	〃	〃	
S53C	0.50〜0.56	〃	〃	〃	〃	
S55C	0.52〜0.58	〃	〃	〃	〃	
S58C	0.55〜0.61	〃	〃	〃	〃	

クランクシャフトの鋼

材料	成分〔%〕					
	C	Si	Mn	P,S	Cr	Mo
S45C	0.45	0.25	0.8	0.03	−	−
S50C	0.5	0.25	0.8	0.03	−	−
S55C	0.55	0.25	0.8	0.03	−	−
SCM415	0.15	0.25	0.8	0.03	1	0.2
SCM420	0.2	0.25	0.8	0.03	1	0.2
SCM435	0.35	0.25	0.8	0.03	1	0.2

（注）クランクシャフトには球状黒鉛鋳鉄も使用されている。
S45C，S50C，S55Cは通常，焼ならし状態で使われる。
SCM415，420，435はクロムモリブデン鋼である。これらは通常，焼入れ・焼もどし状態で使われる。

図 3.6　クランクシャフト

3.3.2　炭素鋼の状態図

状態図とは，物質が液体か固体の状態なのか，あるいは結晶構造がどのような状態であるかを表したものである。各状態のことを**相**（phase）という。

固体のなかで温度によって結晶構造が異なる場合がある。その代表例が鉄である。鉄（Fe）は，図 3.7 に示すように，温度上昇に伴って 910℃と 1 400℃で結晶構造が変化する。そのため α 鉄，γ 鉄，δ 鉄と称される。結晶構造が変わることを**変態**（transformation）と称し，変態する温度を**変態点**という。鉄は 768℃で強磁性から常磁性に移る磁気変態があり，当初は β 鉄としたが，結晶構造が α 鉄で，変化していないことから削除された。

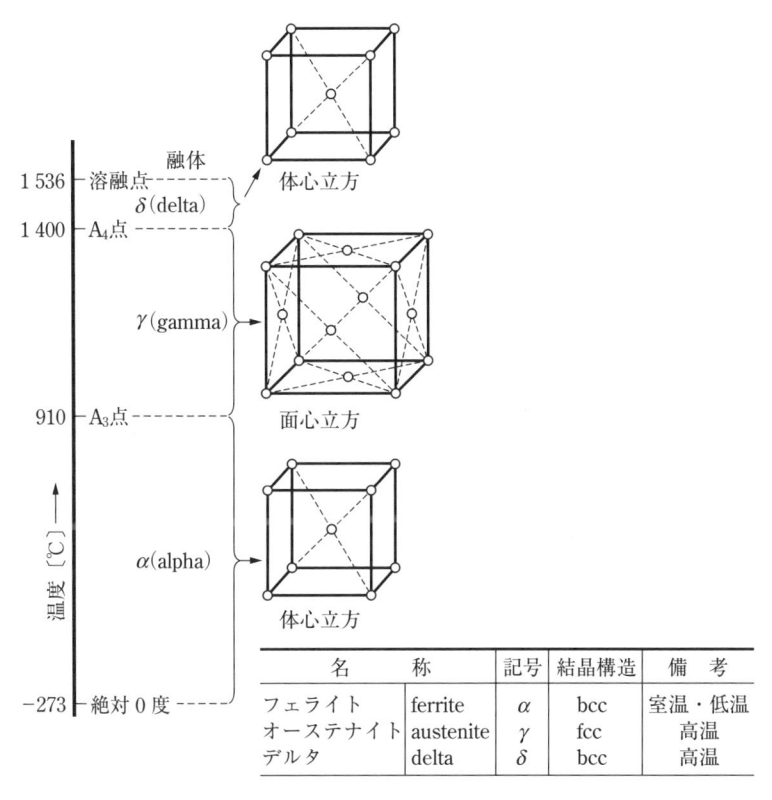

図 3.7　Fe の結晶構造とCを固溶した Fe の基本組織

名称		記号	結晶構造	備考
フェライト	ferrite	α	bcc	室温・低温
オーステナイト	austenite	γ	fcc	高温
デルタ	delta	δ	bcc	高温

(1)　Fe−C 系平衡状態図

　Fe−C 系の平衡状態図とその見方を図 3.8,表 3.8 に示した。鋼を比較的緩やかに加熱して冷却した場合の相変態を示している。炭素含有量によって、融点が変わること、炭素鋼や鋳鉄と呼び名が変わることなどがわかる。

(2)　鋼の状態図

　図 3.9 には、鋼の標準組織を理解するため、図 3.8 の必要な部分のみ示した。オーステナイトは固体（γ鉄の固溶体）であるが、温度が低下すると鉄の結晶構造が変化するところに特徴がある。つまり鋼は、A_3 線以上の温度ではオーステナイト（γ鉄の固溶体）となり、A_1 線以下でフェライト（α鉄の固溶体）とセメンタイト（Fe_3C）となる。セメンタイトはフェライトと層状に析出し、この層

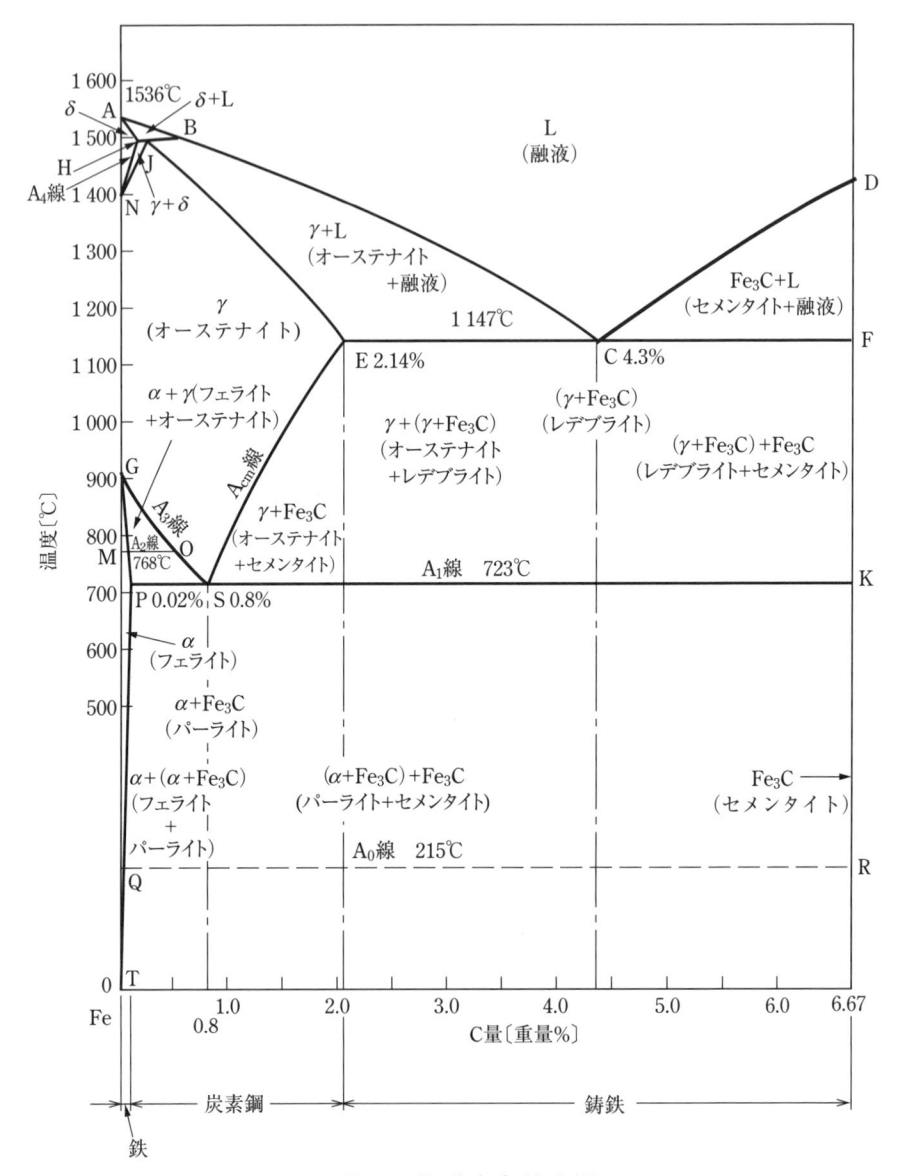

図 3.8 鉄-炭素系平衡状態図

表3.8 鉄-炭素系平衡図の読み方

A	純鉄の凝固点（1 536℃）．加熱時は溶融点
AB	δ固溶体（δ鉄にCが固溶した固溶体）の液相線
AH	δ固溶体の固相線
HJB	包晶線（1 494℃）δ固溶体＋融液 $\underset{加熱}{\overset{冷却}{\rightleftarrows}}$ γ固溶体（オーステナイト）
HN	A_4線 δ固溶体からγ固溶体（γ鉄にCが固溶した固溶体）を析出し始める
JN	δ固溶体からγ固溶体を析出し終る
N	純鉄のA_4変態点（1 400℃） δ鉄（体心立方格子）$\underset{加熱}{\overset{冷却}{\rightleftarrows}}$ γ鉄（面心立方格子）
BC	γ固溶体の液相線
JE	γ固溶体の固相線
CD	Fe_3Cの液相線
E	γ固溶体中のCが最大固溶する点（2.14％C　1 147℃）
C	共晶点（4.3％C　1 147℃）融液 $\underset{加熱}{\overset{冷却}{\rightleftarrows}}$ γ固溶体＋Fe_3C（レデブライト）
ECF	共晶線F点は6.67％C　1 147℃
ES	A_{cm}線　γ固溶体からFe_3Cが析出し始める
G	純鉄のA_3変態点（910℃）　γ鉄（面心立方格子）$\underset{加熱}{\overset{冷却}{\rightleftarrows}}$ α鉄（体心立方格子）
GOS	A_3線 γ固溶体からα固溶体（α鉄にCが固溶した固溶体，フェライト）を析出し始める
GP	γ固溶体からα固溶体を析出し終る
M	純鉄のA_2変態点（磁気変態点　768℃）
MO	A_2線　鋼の磁気変態線　768℃
S	共析点（0.8％C　723℃）　γ固溶体 $\underset{加熱}{\overset{冷却}{\rightleftarrows}}$ α固溶体＋Fe_3C（パーライト）
P	α固溶体中の炭素が最大固溶する点（0.02％C　723℃）
PSK	A_1線　共析線　723℃
QR	A_0線　Fe_3Cの磁気変態線　215℃
PT	α固溶体からFe_3Cが析出する固溶限度曲線

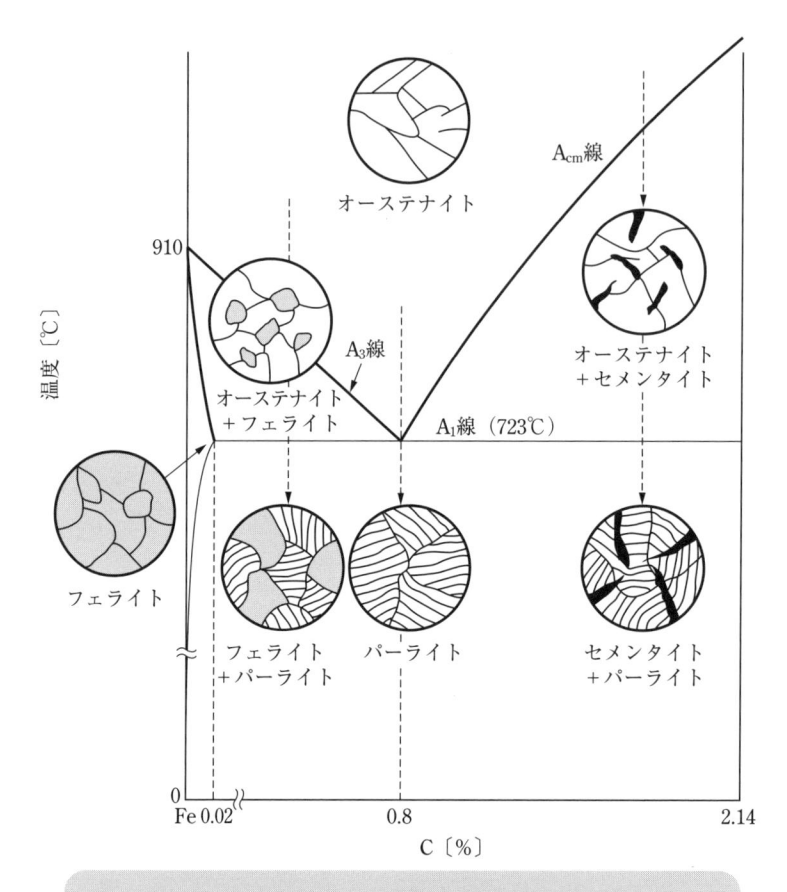

オーステナイトは温度が低下すると他の相に変わる。0.8%Cの場合，723℃でパーライトに変わる。図示のように，0.8%Cより低い場合，例えば0.4%Cの場合，A_3線でフェライトが出現し，723℃まではオーステナイトとフェライトの相で，723℃になるとフェライトとパーライトの相になることを示している。一方，0.8%Cより高い場合，A_{cm}線でセメンタイトが出現し，723℃になるとパーライトとセメンタイトの相になる

図 3.9　Fe-C系状態図の一部

(a) 0.23%C	(b) 0.84%C	(c) 1.18%C
フェライトとパーライト	パーライト	パーライトとセメンタイト

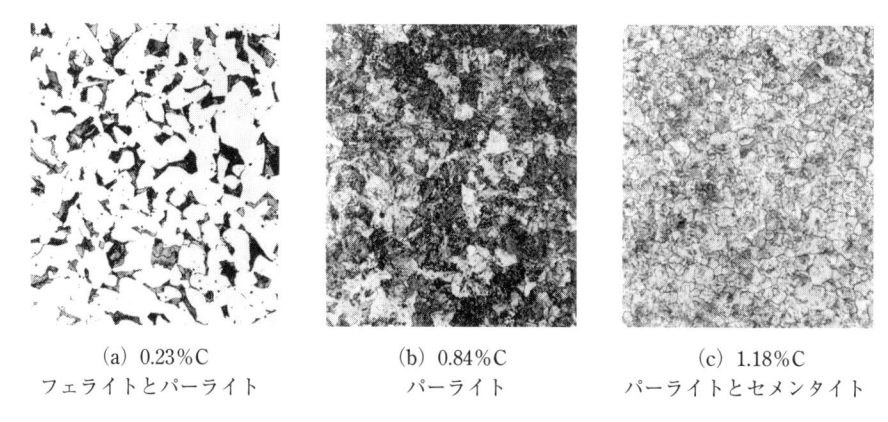

図 3.10　炭素鋼の標準組織（焼なまし）

状組織を**パーライト**と称する。

図 3.10 に，フェライトとパーライト，パーライト，パーライトとセメンタイトの標準組織を示す。標準組織を得るためにはオーステナイト状態から徐冷（炉内でゆっくり冷却）する必要がある。

3.3.3　炭素鋼の熱処理と組織

適当な加熱・冷却操作により組織を変える処理を**熱処理**（heat treatment）という。炭素鋼は，同じ組成でも加熱や冷却の仕方によって組織や性質が変化する。つまり熱処理は鋼の特性をコントロールする。

1　熱処理

主要な熱処理には，焼ならし，焼なまし，焼入れ，焼もどしがある。焼ならし，焼なまし，焼入れという熱処理は，図 3.11 に示すように，オーステナイト組織からの冷却速度の違いである。

（1）　焼ならし（焼準）

焼ならし（normalizing）とは，加工によって生じた鋼の組織の乱れをなくして標準組織にする熱処理である。空冷（空気中で冷却）する。

（2）　焼なまし（焼鈍）

鋼を冷間加工すると加工硬化によって加工が困難になる。**焼なまし**（annealing）

図 3.11　熱処理方法

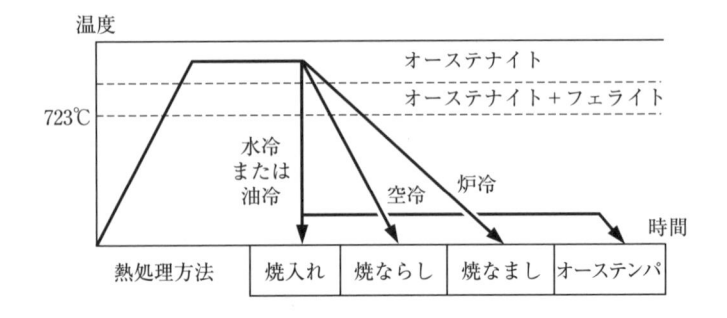

縦軸は温度，横軸は時間である。図中破線はこの温度以上でオーステナイト，オーステナイト＋フェライトの組織になることを示す。破線で示す温度は鋼材の成分によって違うが，下側の破線は常に723℃である。図に示した熱処理方法ではすべてオーステナイト組織に加熱することを意味する

とは，加工硬化したものを元に戻してやわらかくする熱処理である。徐冷（炉冷）する。

(3) 焼入れ

　焼入れ（quenching）とは，鋼をかたく，強くするため，水あるいは油で急冷（急速に冷却）して鋼の組織をマルテンサイト化する熱処理である。

　焼入れ液として水と油を比較すると，水は油より冷却速度が速いためマルテンサイト組織になりやすいが，焼割れが起こりやすい。

(4) 焼もどし

　焼入れした鋼は，急冷のため内部にひずみをもちかたくて脆い。**焼もどし**（tempering）とは，焼入れして硬化した鋼の脆さを改善して粘り強さ（靱性）を高める熱処理である。

　図3.12に焼入れ，焼もどしの様子を示す。焼入れ・焼もどしの熱処理を調質という。焼入れ温度は，図3.13に示すように，炭素含有量によって適切な温度がある。

2　炭素鋼の組織

　炭素鋼の室温における組織は，同一の炭素鋼であっても冷却速度によって異なる。図3.14に0.28% Cの炭素鋼の一例を示したが，冷却速度が遅い焼なましの

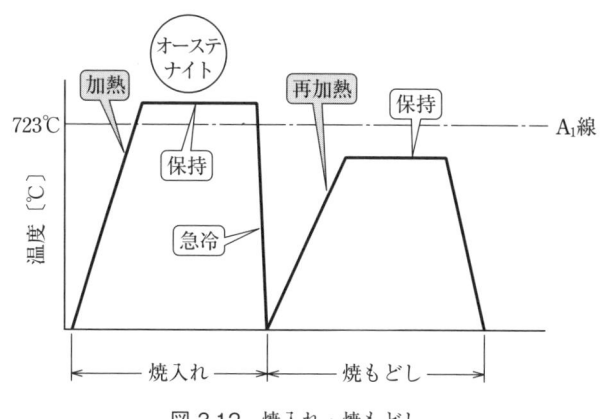

図 3.12 焼入れ・焼もどし

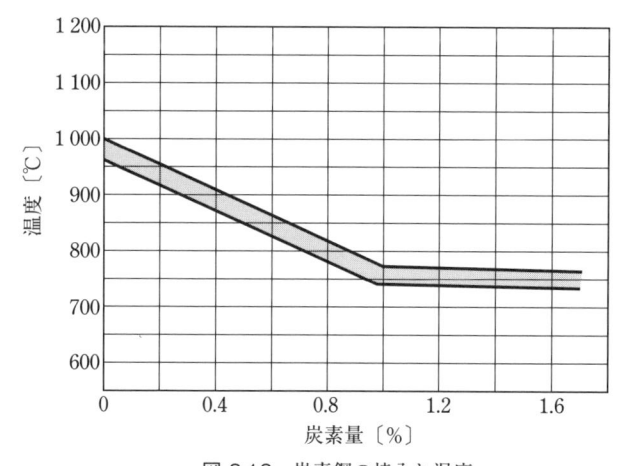

図 3.13 炭素鋼の焼入れ温度

場合の組織はフェライトとパーライトである。しかし，冷却速度が速い焼入れの場合にはマルテンサイト組織となり，両者の様相は顕著に異なっている。

表 3.9 (a) には炭素鋼の冷却速度と組織を，表 3.9 (b) には組織の機械的特性を示した。以下に組織の概要を述べる。

① フェライト　　α鉄にCなどが固溶した組織を**フェライト**という。純鉄の組織である。
② オーステナイト　　γ鉄にCなどが固溶した組織を**オーステナイト**という。

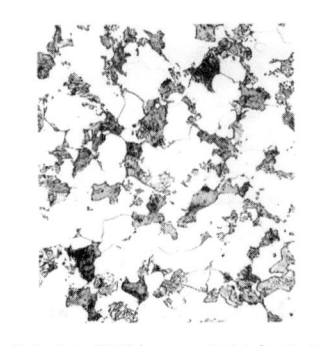

(a) 焼なまし(炉冷):フェライトとパーライト　　(b) 焼入れ(水冷):マルテンサイト

図 3.14　炭素鋼(0.28％C)の焼なましと焼入れによる組織

表 3.9　炭素鋼の組織と特性
(a) 炭素鋼の冷却速度と組織

遅い	←	冷却速度	→	速い
パーライト (pearlite)	→ ソルバイト (sorbite)	→ トルースタイト (troostite)	→ マルテンサイト (martensite)	

(b) 炭素鋼の各組織の機械的特性

組織	ブリネルかたさ〔HB〕	引張強さ〔MPa〕	伸び〔％〕
フェライト	80～100	約 280	30～40
オーステナイト	約 150	880～1 000	20～25
パーライト	200～250	約 880	20～25
ソルバイト	250～400	700～1 450	10～20
トルースタイト	400～500	1 400～1 750	5～10
マルテンサイト	500～750	1 750～2 100	2～8
セメンタイト	700～850	—	—

③ セメンタイト　鉄と炭素の化合物（Fe_3C）を**セメンタイト**という。かたくて脆い性質をもっている。

④ パーライト　フェライトとセメンタイトが層状に混在した組織を**パーライト**という。0.8％C 程度の炭素鋼を約 900℃ に加熱後に徐冷，つまりゆっくり冷やすと，鋼の組織はパーライトになる。

⑤ ソルバイト　　空冷の場合，徐冷のときのパーライト組織と少し異なる組織になるが，この組織を**ソルバイト**と称する。フェライトと微粒のセメンタイトが均一に混在し，かたく，粘り強い性質をもつ。ソルバイト組織は高温（600℃程度）で焼もどし処理をしたときにも得られる。

⑥ マルテンサイト　　焼入れ，つまり水で急冷したときに得られる組織を**マルテンサイト**という。非常にかたくて脆い性質をもっている。

　なお，図3.11で示すように、焼入れの途中で恒温保持（この処理をオーステンパという）すると，パーライトとマルテンサイトの中間ほどのかたさをもった組織になる。この組織を**ベイナイト**という。

⑦ トルースタイト　　油のなかで冷却した焼入れの場合に得られる組織を**トルースタイト**という。ソルバイトに似た組織であるが，かたさ，粘り強さはソルバイトより大きい。

⑧ 焼もどしマルテンサイト　　焼入れたままでは脆いので，通常150～700℃程度の温度に再加熱（焼もどし）するが，再加熱温度が低いと，マルテンサイト組織を少し崩した**焼もどしマルテンサイト**組織になり，かたさが低くなる。

3.3.4　表面硬化処理

　鋼に対する熱処理の利用として，**表面硬化処理**がある。使用中摩擦を受ける部品では，耐摩耗性が必要となる。耐摩耗性を高めるには表面層を硬化することが有効である。しかし，硬化のために鋼全体をマルテンサイト組織にすれば，鋼は脆くなり，加工上の問題が起こる。そのため，鋼全体は靭性の高い鋼を用い，摩擦を受ける部分のみを硬化する熱処理法が表面硬化処理である。

　表面硬化処理は表面処理の一部である。表面処理には多くの種類があり，その1つが表面硬化処理に類似する**ショットピーニング**である。この方法は熱処理でなく，0.5 mm程度の鋼球を金属表面にぶつける処理である。ぶつけられた表面はかたくなると同時に圧縮の残留応力が発生するため，疲労強度が高められる。

　高周波焼入れ，浸炭焼入れ，窒化（軟窒化）などの表面硬化処理が，自動車部品に対して主に耐疲労性，耐摩耗性，耐食性などの向上を目的として利用されている。

1　高周波焼入れ法

高周波焼入れ法は，コイルに高周波電流を流し，部品の表面を高周波誘導電流によるジュール熱で急速加熱して焼入れを行い硬化させる。この方法では，かたさが母材の炭素量によって決まり，水の噴射冷却によって焼入れされる。高炭素鋼が使え，局部的に焼入れ硬化できるので，焼入れひずみが小さく熱処理エネルギーも少ないという利点がある。自動車ではクランクシャフトやアクスルシャフトなどで多用される。

2　浸炭法（浸炭焼入れ法）

浸炭（carburizing）とは，鋼を A_3 以上の浸炭性雰囲気中で加熱し，表面層の炭素量を高める処理の総称である。一般に炭素量の低い（0.23％以下）鋼を使用する。表 3.10 に浸炭用鋼（浸炭肌焼鋼）を示す。浸炭した鋼は通常，焼入れ・焼もどしをして使用するが，この処理を**肌焼き**（case hardening）という。

浸炭法は，浸炭剤の種類により固体浸炭，液体浸炭，ガス浸炭に分けられる。ガス浸炭法が広く使用され，トランスミッションの歯車などで多用されている。

(1)　固体浸炭法

木炭に炭酸バリウムなどの促進剤を加えた浸炭剤を用い，浸炭剤から発生する CO ガスによって γ 鉄（Fe γ）に炭素を固溶させる。その反応は，

$$Fe\gamma + 2CO \rightarrow Fe\gamma(C) + CO_2$$

である。ここで，CO_2 は C と反応して CO となる。

(2)　ガス浸炭法（ガス浸炭焼入れ法）

メタンガス（CH_4）のような炭化水素系のガスを用いて浸炭する方法である。その反応は，

$$Fe\gamma + CH_4 \rightarrow Fe\gamma(C) + 2H_2$$

である。図 3.15 には，ガス浸炭の処理条件の一例を示した。

(3)　液体浸炭法

シアン化ナトリウム（NaCN，シアン化ソーダ）などを加熱溶融し，その中に製品を浸けることにより浸炭する。シアン化ナトリウムは空気中の酸素と反応して CO と N を発生する。CO は浸炭作用，N は窒化作用するので，液体浸炭法は，正確には浸炭窒化処理の一方法である。浸炭窒化法とも呼ばれる。

表 3.10 浸炭用鋼（肌焼鋼）

名　称	記号例	主要成分〔%〕	引張強さ〔MPa〕	伸び〔%〕	用途例
炭素鋼	S15CK	C : 0.13～0.18	>490	>20	カムシャフト, ピストンピン
Ni-Cr 鋼	SNC415	C : 0.12～0.18 Ni : 2.00～2.50 Cr : 0.20～0.50	>780	>17	歯車, 軸類, ピストンピン
Ni-Cr-Mo 鋼	SNCM415	C : 0.12～0.18 Ni : 1.60～2.00 Cr : 0.40～0.65 Mo : 0.15～0.30	>880	>16	歯車
Cr 鋼	SCr415	C : 0.13～0.18 Cr : 0.90～1.20	>780	>15	カムシャフト, ピストンピン
Cr-Mo 鋼	SCM415	C : 0.13～0.18 Cr : 0.90～1.20 Mo : 0.15～0.30	>830	>16	軸類, アーム類
Mn 鋼	SMn420	C : 0.17～0.23 Mn : 1.20～1.50	>690	>14	歯車, 軸類
Mn-Cr 鋼	SMnC420	C : 0.17～0.23 Mn : 1.20～1.50 Cr : 0.35～0.70	>830	>13	歯車, 軸類

引張強さと伸びの値は浸炭処理を施さない状態のものである。

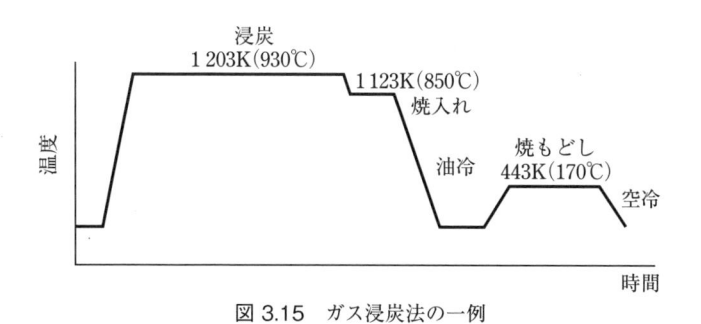

図 3.15 ガス浸炭法の一例

3 窒化法

窒化（nitriding）とは，部品表面に窒素化合物層をつくって硬化させることをいう。浸炭と窒化を同時に行う場合，純窒化法に対し軟窒化法と称される。

(1) ガス窒化法

Al，Cr，Mo などを添加した鋼を 500～520℃のアンモニア（NH_3）ガス中で 50～100 時間加熱する。N が鋼表面にかたい窒化物の窒化層を生成し，内部に拡散層を形成する。浸炭のように処理後焼入れを行う必要がない。

JIS で規定されている窒化用鋼は SACM645 という 1 種類で，0.4～0.5% C，0.7～1.2% Al，1.3～1.7% Cr，0.15～0.30% Mo の Al-Cr-Mo 鋼である。

(2) イオン窒化法

窒素と水素の混合ガス中で製品を陰極に，炉を陽極にして放電させ，発生した窒素イオンが製品の表面に衝突・侵入して窒化を行う。処理時間が 15 時間程度とガス窒化法に比べ短いのが特徴である。

(3) ガス軟窒化法（ガス浸炭窒化法）

ガス軟窒化処理では，浸炭性ガスにアンモニアを添加したものを用いて，表面に化合物層を形成し，その内側に拡散層を形成する。このガス量と時間をコントロールして適正な化合物層を得る。

(4) 塩浴軟窒化法

塩浴軟窒化法とは，溶融シアン酸塩浴中で製品に炭素と窒素を拡散し，耐摩耗性や耐疲労性などを向上させる処理法のことで，**タフトライド処理**ともいう。鋼の変態点よりかなり低い 570～580℃の温度で処理される。鋼材の表層部では，CO と N による浸炭と窒化作用により，炭化物と窒化物を形成する硬化反応が起こる。化合物層の下層には，窒素が侵入して拡散層を形成する。

4 火炎焼入れ法

火炎焼入れ法は，アセチレンの火炎により部分的に焼入れ温度に加熱した後，冷水をかけて急冷し，鋼の表面を硬化する方法である。製品の一部分に耐摩耗性を与えるため，かたくしたいときなどに利用される。

3.4 合金鋼（特殊鋼）

合金鋼（alloy steel）とは，炭素鋼に合金元素，例えば，マンガン（Mn），ケイ素（Si），ニッケル（Ni），クロム（Cr），モリブデン（Mo）などを加えた鋼である。合金鋼は添加元素の種類と量によって，強度，靭性，耐食性，高温強さ，耐摩耗性などの性質を向上させた鋼で，合金元素の総量の多少で，**高合金鋼**（high alloy steel）と**低合金鋼**（low alloy steel）に分けられる。

合金鋼は普通の炭素鋼と対比して**特殊鋼**（special steel）と称される。特殊鋼は高い強度信頼性を有することから，自動車では，エンジン，駆動，シャシなど各ユニットの主要構成部品に幅広く使用されている。

3.4.1 合金元素の役割

合金鋼（特殊鋼）は，合金元素の種類や量によって性質が異なる。図 3.16 にフェライトに対して添加する元素の引張強さに及ぼす効果について示す。ケイ素，チタン，マンガン，モリブデン，ニッケル，アルミニウムなどの効果の様子がわかる。

図 3.17 は，添加する元素の焼入れ性に及ぼす効果を表したものである。合金元素量と焼入れ性倍数の関係を示している。マンガン，モリブデン，クロムなどは高い焼入れ性を有することがわかる。

自動車には大小さまざまな部品があり，大きな部品の中央部では，冷却速度が遅くなるため焼入れしても焼きが入らない，つまりかたくならない場合がある。このような場合，焼入れ性が良い合金鋼を用いる。

表 3.11 には合金元素の役割をまとめた。炭素鋼に添加する合金元素は 1 種類の場合もあるが，2 種類以上の場合もある。数種類の元素を適切な割合で添加すると大変優れた性質をもたせることができる。その一例がニッケルクロムモリブデン鋼（JIS 記号，SNCM）である。

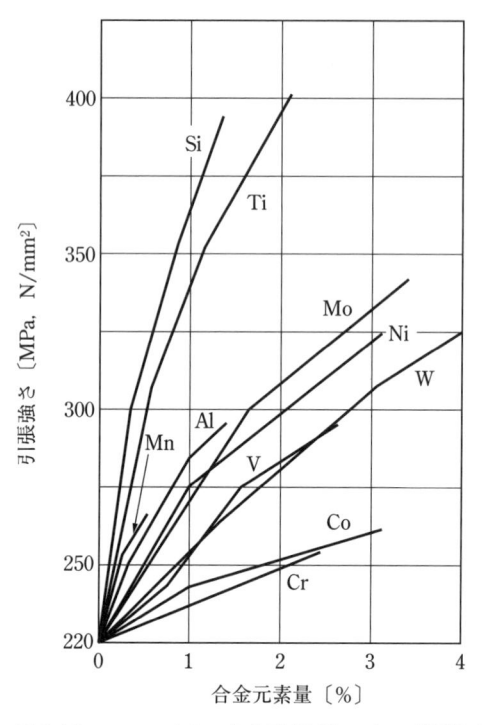

図 3.16 フェライトの合金元素添加による引張強さ

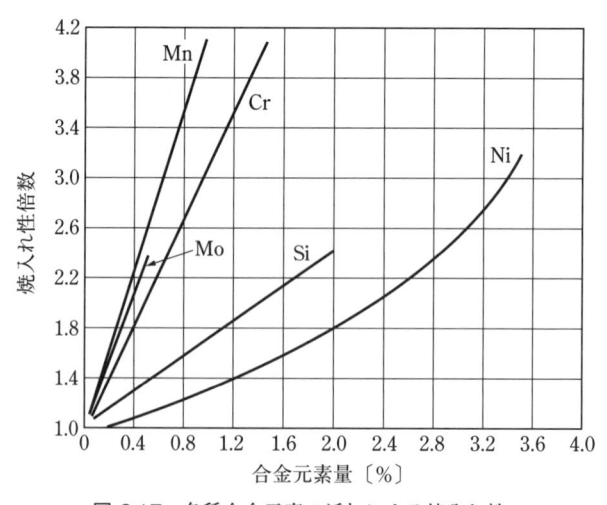

図 3.17 各種合金元素の添加による焼入れ性

表 3.11 鋼における合金元素の特性と役割
(a) 合金元素の特性

元素名	記号	特　性
ケイ素	Si	耐熱性や電気伝導性を向上させる
ニッケル	Ni	強度や靭性を高める。添加量が多いと耐熱性も向上させる
クロム	Cr	Niと同様の効果を有する。多量添加すると耐食・耐熱性を向上させる
モリブデン	Mo	靭性や高温強度を高める
バナジウム	V	Moと同様の効果を有する。炭化物として析出し、効果を高める。他元素との複合添加が多い
タングステン	W	高温強度を高める。炭化物として析出して硬度・耐摩耗性を向上させる
コバルト	Co	Niに近い特性を有し、他元素との複合添加を行う
アルミニウム	Al	結晶粒の微細化による靭性の向上と、表面硬化用鋼などに使用される
チタン	Ti	Alに近い効果と、表面硬化・耐食性を向上させる
ニオブ	Nb	Al, Tiとほぼ同様な効果を有する
銅	Cu	大気中や海水中での耐食性を向上させる
ホウ素	B	微量で焼入れ硬化性を著しく高め、強度を向上させる

(b) 合金元素の役割

役　割	添　加　元　素
焼入れ性を向上	Mn, Mo, Cr, Si, Ni, Ti, V など
耐熱性を向上	Mo, Cr, Si, Ni, Ti, Co, W など
耐摩耗性を向上	V, Mo, W, Cr など
引張強さを増大	Mo, Si, Ni, Ti, Mn, Al など
耐食性を向上	Mo, Cr, Ni など

3.4.2 構造用合金鋼

構造用合金鋼（機械構造用合金鋼）は、強く、靭性が高く、加工性が良い。**強靭鋼**とも称される。

1 構造用合金鋼の種類

構造用合金鋼の代表例を表 3.12 に示す。

① クロム鋼　　クロム鋼（SCr）は、炭素鋼に約1％のCrを加えて焼入れ性を

表3.12 機械構造用合金鋼

名　称	記号例	主要成分〔%〕	引張強さ〔MPa〕	伸び〔%〕	用途例
Ni－Cr 鋼	SNC415	C：0.12～0.18 Ni：2.0～2.5 Cr：0.2～0.5	>785	>17	歯車，ピン，軸類
	SNC836	C：0.32～0.4 Ni：3.0～3.5 Cr：0.6～1.0	>930	>15	軸類，クランクシャフト
Ni－Cr－Mo 鋼	SNCM220	C：0.17～0.23 Ni：0.4～0.7 Cr：0.4～0.65 Mo：0.15～0.3	>835	>17	歯車，軸類
	SNCM630	C：0.25～0.35 Ni：2.5～3.5 Cr：2.5～3.5 Mo：0.5～0.7	>1 080	>15	連接棒（コネクティングロッド），クランクシャフト
Cr 鋼	SCr415	C：0.13～0.18 Cr：0.9～1.2	>785	>15	カム軸，ピン
	SCr445	C：0.4～0.46 Cr：0.9～1.2	>980	>12	軸類，アーム
Cr－Mo 鋼	SCM415	C：0.13～0.18 Cr：0.9～1.2 Mo：0.15～0.3	>835	>16	ピストンピン歯車，軸類
	SCM445	C：0.43～0.48 Cr：0.9～1.2 Mo：0.15～0.3	>1 030	>12	軸類，アーム類
Mn 鋼	SMn420	C：0.17～0.23 Mn：1.2～1.5	>685	>14	歯車，軸類
Mn－Cr 鋼	SMnC443	C：0.40～0.46 Mn：1.35～1.65 Cr：0.35～0.7	>930	>13	軸類，歯車

各鋼種は焼入れ・焼きもどしを行い使用される。

高めた鋼である。

② クロムモリブデン鋼　クロムモリブデン鋼（SCM）は，クロム鋼に約0.25％のMoを加えた鋼で，焼入れ性が良く，クランクシャフト，コンロッド，ボルトなどに多用されている。

③　ニッケルクロム鋼　　ニッケルクロム鋼（SNC）は，砲身用の合金鋼としてかつて多用された。Ni は鋼を粘り強くし，Cr は焼入れ性を高める。

④　ニッケルクロムモリブデン鋼　　ニッケルクロムモリブデン鋼（SNCM）は，ニッケルクロム鋼に Mo を加えたもので，最も優れた構造用鋼である。

⑤　マンガン鋼　　マンガン鋼（SMn）は，炭素鋼に約 1～1.5% Mn を加えて焼入れ性を改良したものである。さらに約 0.5% の Cr を加えて焼入れ性を高めたものが，マンガンクロム鋼（SMnC）である。

⑥　ボロン鋼　　ボロン鋼は微量のボロン（B）を炭素鋼に添加して焼入れ性を高めたものである。

2　構造用合金鋼の利用

構造用合金鋼は，歯車，シャフト，ボルトなどの重要な部品に使用されている。数段に歯車を組み合わせた変速機（トランスミッション）において，歯車は疲労強度と耐摩耗性が要求される。一般にクロム鋼（SCr420）やクロムモリブデン鋼（SCM420）の浸炭肌焼鋼が用いられている。

シャフトはトルク伝達のため，ねじり強度が要求される。シャフトの多くは炭素鋼（S43C）やマンガン鋼（SMn443）が用いられ，高周波焼入れにより表面硬化処理がなされる。ボルトの材料は多様であるが，1 000 MPa 級の高強度ボルトにはクロムモリブデン鋼（SCM435）やクロム鋼（SCr440）が用いられている。

3.4.3　ステンレス鋼

ステンレス鋼（stainless steel）は，錆びない鋼の意味であるが，錆びにくい鋼といえる。ステンレス鋼は，炭素鋼に Cr を添加した高合金鋼で，通常 Cr は 13% 以上である。ステンレス鋼とひと言でいっても大変多くの種類がある。ステンレス鋼が自動車の排気系部品に使われるのは，高温，腐食環境といった使用条件が，耐食性の高い鋼を要求するためである。

1　ステンレス鋼の性質

ステンレス鋼は，Cr の酸化皮膜（不働態皮膜）をつくることで耐食性を高めた合金である。鋼が保護皮膜により侵されない状態を**不働態**（passive state）という。

鋼の耐食性はCrを加えると著しく向上する。図3.18に示すように，Crの量が増すと次第に耐食性が良くなり，約12％以上になると大気中ではほとんど腐食されなくなる。

Crの量が増すと硝酸（酸化性の酸）には強いが，塩酸や硫酸のような非酸化性の酸（酸化作用がない酸）には弱くなる。Niを混ぜると，酸化皮膜の密着度を向上するのに加え，非酸化性の酸にも比較的強い性質をもつ。

このため，ステンレス鋼は成分によってクロム系ステンレス鋼とクロム・ニッケル系ステンレス鋼とに大別される。また，生成組織によってオーステナイト系，フェライト系，マルテンサイト系，オーステナイト・フェライト系（二相系），析出硬化系に分類できる。つまりステンレス鋼の種類は大変多いが，表3.13に示すように，5種類に分けられる。

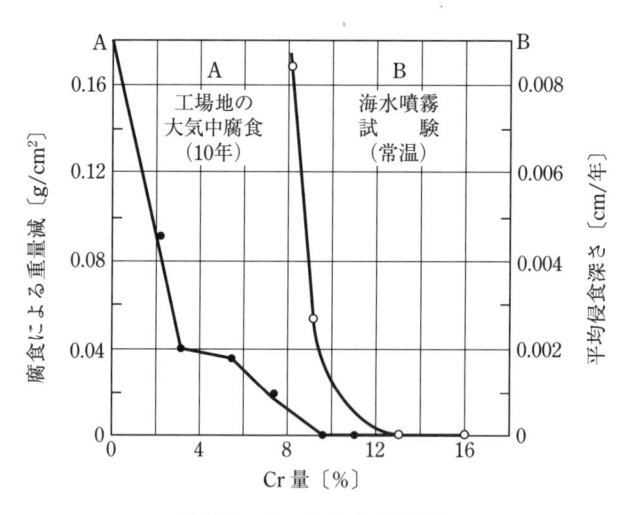

図3.18 Fe-Cr合金の耐食性

表3.13 代表的ステンレス鋼

オーステナイト系	18Cr-8Ni系	SUS 304
フェライト系	18Cr系	SUS 430
マルテンサイト系	13Cr系	SUS 410
二相系	25Cr-4.5Ni-2Mo系	SUS 329J1
析出硬化系	17Cr-4Ni系	SUS 630

（1） クロム系ステンレス鋼

Cr%の高いものは，α-γの変態がなく高温度でもフェライト（α相）であり，このようなものをフェライト系という。それに対し，高温度ではγ相になり，焼入れ硬化するものをマルテンサイト系という。

① マルテンサイト系　室温組織がマルテンサイトである。すなわち熱処理によって硬化する焼入れ性を有する点が最大の特徴である。強磁性を示し，刃物，機械部品などに使われる。炭素量が多いほど，かたく耐摩耗性は向上するが，耐食性は低下する。線膨張係数が炭素鋼に近く，自動車ではマフラなど排気系の部品に使われる。

② フェライト系　室温組織がフェライトである。熱処理によって硬化せず，磁性を有し，線膨張係数（熱膨張率），熱伝導率が炭素鋼に近い。マルテンサイト系に比べて耐食性に優れる。20Cr-5Al系の鋼種が触媒担体のメタルハニカム部に使用されている。

（2） クロム・ニッケル系ステンレス鋼

① オーステナイト系　室温組織がオーステナイトである。非磁性で熱処理によって硬化しない。また高温強度やクリープ強さも高い。18-8系ステンレス鋼（18% Cr-8% Ni）が代表的材料で，JISではSUS 304と表記される。この材料は，高級ステンレス鋼ともいわれ，優れた性質を示すので，一般用途から原子力分野まで広範囲に利用されている。

② 析出硬化系　マトリックス中に耐食性を低下させない範囲で金属間化合物を析出させ，強度を向上させたもので，析出硬化型ステンレス鋼あるいはPH（Precipitation Hardening）ステンレス鋼と呼ばれる。析出硬化元素としてCu, Alなどが添加されている。

（3） 二相ステンレス鋼

オーステナイト系の欠点である応力腐食割れを克服した材料が二相ステンレス鋼（duplex stainless steel）である。二相とはオーステナイトとフェライトを意味する。

応力腐食割れ（SCC：Stress Corrosion Cracking）とは，引張応力のもとで割れが発生する現象である。応力が作用していないと腐食性の環境に何年でも耐え

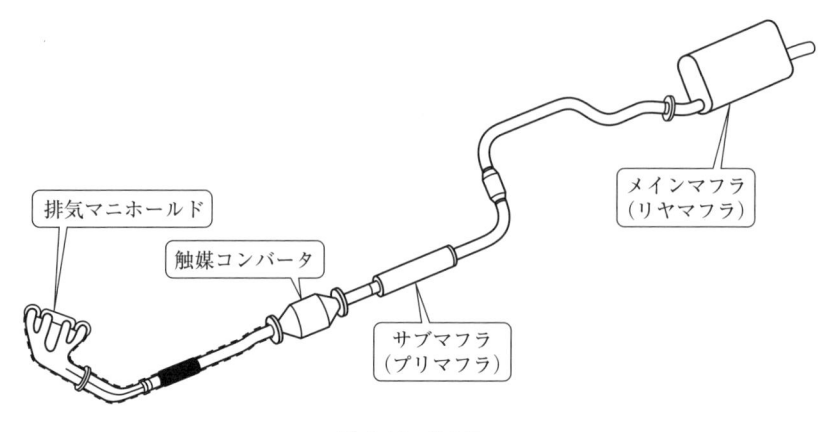

図 3.19　排気システム

られるが，応力が作用するとひび割れが起こってしまう．つまり応力が作用する箇所では腐食しやすい．

2　ステンレス鋼部品

自動車排気ガス浄化装置には，耐熱性，耐食性から，炭素鋼に代わりステンレス鋼が使用されている．図 3.19 に排気マニホールド，排気管，触媒，マフラ（排気消音器）などから構成されている排気システムを示す．

排気ガス浄化や軽量化の要求から，排気マニホールド用ステンレス鋼，触媒コンバータ用ステンレス箔など新しい排気系材料の採用例がある．

3.4.4　耐熱鋼

金属の耐熱材料（heat resisting materials）は，**耐熱鋼**（Fe 基耐熱鋼）と，Fe 基，Ni 基，Co 基の**耐熱合金**に大別される．合金元素の総量が 50% を超えると，耐熱合金（超耐熱合金，超合金）という．

耐熱鋼は，高温において耐酸化性，耐食性，高温強度を保持する合金鋼で，その組織によってフェライト系，マルテンサイト系，オーステナイト系に分類される．

① フェライト系　　高 Cr，低 C で，主に耐酸化性を向上させたものである．自動車排気ガス浄化装置に使われている．

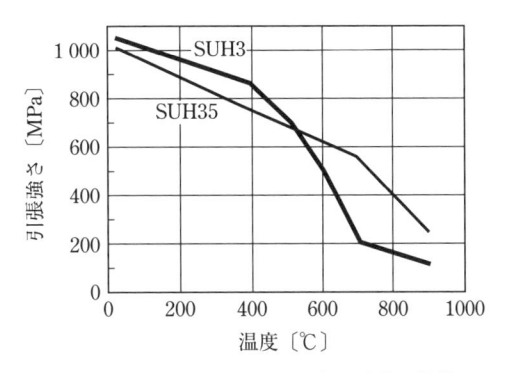

図 3.20 エンジンバルブ材(耐熱鋼)の特性

② マルテンサイト系　フェライト系に比べ高温強度が高い。0.4%程度のCを含有しており，自動車用の吸気バルブに使用されている。

③ オーステナイト系　18-8系ステンレス鋼を改良したもので，主に600℃以上の高温で使用される。自動車用の排気バルブに使用されている。

図3.20には，エンジンバルブに使用されているSUH3（マルテンサイト系）とSUH35（オーステナイト系）の特性を示した。吸気バルブと排気バルブには，通常，材質が異なったものが使用される。

3.4.5 ばね鋼

ばね（spring）は，エネルギーを吸収し，振動や衝撃を緩和する役割を果たす。**ばね鋼**（spring steel，JIS記号でSUP）は0.6%程度のCを含有し，Si－Mn系とMn－Cr系に大別される。

ばね鋼は表3.14に示すように，板ばねやコイルばね，トーションバーやスタビライザに使用されている。

広義のばね鋼としてピアノ線やオイルテンパ線がある。バルブスプリングに使用されている材料はオイルテンパ線というもので，ばね鋼（SUP）でない。

3.4.6 軸受鋼

自動車の駆動部には摩擦を低減するために軸受（bearing）が取り付けられる。軸受には，転がり軸受（ボールベアリング）と滑り軸受（プレーンベアリング）

表3.14 ばね鋼の用途例

鋼種		備考
SUP6	ケイ素マンガン鋼	主に，トーションバー，スタビライザに使用
SUP7		主に，コイルばねに使用
SUP9	マンガンクロム鋼	主に，板ばね，トーションバーおよびスタビライザに使用
SUP12	ケイ素クロム鋼	主に，コイルばねに使用
高強度ばね鋼	バナジウムなどの特殊元素添加鋼	主に，コイルばねに使用

表3.15 高炭素クロム軸受鋼

記号	主要成分〔%〕			
	S	Mn	Cr	Mo
SUJ1	0.15〜0.35	<0.5	0.9〜1.2	−
SUJ3	0.4〜0.7	0.9〜1.15	0.9〜1.2	−
SUJ5	0.4〜0.7	0.9〜1.15	0.9〜1.2	0.10〜0.25

C：0.95〜1.1〔%〕

がある。

転がり軸受に使用される軸受鋼（SUJ）は，約 1.0% C，1.2% Cr の高炭素クロム鋼が使用されている。表 3.15 には，その主要成分を示した。

3.4.7 工具鋼

工具鋼はかたく摩耗に耐え摩擦熱による軟化が起こらないことが必要である。そのため，通常 0.6〜1.5% の高炭素の鋼が用いられている。

工具材料（tool materials）には，工具鋼のほかにWCを基本とする超硬合金，TiCを基本とするサーメット（cermet），そしてセラミックスあるいはセラミックスコーティング工具などがある。

工具鋼は，炭素工具鋼，合金工具鋼，高速度鋼（高速度工具鋼）に分類される。

① 炭素工具鋼　　**炭素工具鋼**（JIS記号，SK）は，0.6〜1.5% C を含む鋼で安価である。

表 3.16 合金工具鋼

用途分類	記号	主要成分〔%〕				かたさ (HRC)
		C	Cr	W	V	
切削工具	SKS11	1.2〜1.3	0.2〜0.5	3〜4	0.1〜0.3	>62
耐衝撃工具	SKS4	0.45〜0.55	0.5〜1.0	0.5〜1.0	−	>56
冷間金型工具	SKS3	0.9〜1.0	0.5〜1.0	0.5〜1.0	−	>60
	SKD1	1.8〜2.4	12〜15	−	−	>61
熱間金型工具	SKD4	0.25〜0.35	2〜3	5〜6	0.3〜0.5	>50
	SKT3	0.5〜0.6	0.9〜1.2	−	−	−

Tは鍛造の意味で使用されている。Kは工具，SはSpecial，Dはダイ（金型）を意味している。

② **合金工具鋼** **合金工具鋼**（alloy tool steel）は，炭素鋼にMn，Cr，Mo，W，Niなどの合金元素を添加して焼入れ性を向上させ，硬度や耐摩耗性を高めたものである。

合金工具鋼は，表3.16に示すように，切削工具用，耐衝撃工具用，冷間金型工具用，熱間金型工具用に分類されている。

③ **高速度鋼** **高速度鋼**（high speed steel，SKH）は，一般に**ハイス**と呼ばれ，高速切削が可能な工具鋼で広く用いられている。0.8% C，18% W，4% Cr，1% Vを標準組成としている。

高速度鋼は，超硬合金に比べ耐摩耗性は劣るが，靭性に富んでいる。

3.4.8 快削鋼

快削鋼（free cutting steel）とは被削性が優れた鋼で，切削加工の作業能率を高めることができる。快削鋼には表3.17に示すように，Sを添加した硫黄快削鋼と，SとPbを添加した鉛快削鋼（複合快削鋼）がある。

表 3.17 快削鋼

名称	記号	主要成分〔%〕				
		C	Mn	P	S	Pb
硫黄快削鋼	SUM22	<0.13	0.7〜1.0	0.07〜0.12	0.24〜0.33	−
鉛快削鋼	SUM22L	<0.13	0.7〜1.0	0.07〜0.12	0.24〜0.33	0.1〜0.35

3.5 鋳鉄

鋳鉄は，成形に関して自由度が高く，振動吸収性が良いなどの利点からエンジン本体で使用されている。鋼と異なった性質は，鋳鉄の組織中に分散している黒鉛による。

鋳造は，鋳型に溶融した金属を流し込んで物をつくる方法であり，鋳造でつくられたものを**鋳物**という。

鋼において普通鋼（炭素鋼），特殊鋼と称する場合と同様に，鋳鉄においても普通鋳鉄（ねずみ鋳鉄），特殊鋳鉄と大別して称する場合がある。

3.5.1 鋳鉄の性質

鋳鉄は炭素 C を 2.14～6.67％含む Fe－C 系合金をいうが，黒鉛化を果たすケイ素（Si）も主成分といえる。通常，鋳鉄は，3～4％ C，1～2.5％ Si を含んでいる。

鋼と比較したときの鋳鉄の特徴として，炭素含有量が多いために組織中に溶け込めない炭素が黒鉛（グラファイト）として存在するので，耐摩耗性に優れ，振動吸収能が大きく，強度上切欠きに対し鈍感で被削性が良いことが挙げられる。しかし鋼と比べると延性が少ない，つまり脆い。

鋳鉄の性質は黒鉛と基地組織により変わる。黒鉛の形状は図 3.21 に示すように，4 種類に大別される。黒鉛が片状から球状になるにつれ鋳鉄の靭性は増加する。鋳鉄の引張強さは黒鉛の形状，大きさおよび分布状態によって異なる。

(1) ねずみ鋳鉄

ねずみ鋳鉄（gray cast iron）は，一般的に使用される鋳鉄で，普通鋳鉄ともいう。破面がねずみ色（灰色）であることからねずみ鋳鉄と呼ばれる。黒鉛は片状で，組織はパーライトとフェライトの混合になる。

自動車材料としてはパーライト主体の高級なものを使うことが多く，高級鋳鉄あるいは強靭鋳鉄とも称される。

ねずみ鋳鉄はじん性に劣る，つまり脆いが，圧縮には強く，鋳造性，被削性が良く，耐摩耗性や振動吸収性に優れている。

(a) 片状黒鉛　　(b) 塊状黒鉛　　(c) 擬(準)片状黒鉛　　(d) 球状黒鉛
　　　　　　　　　　　　　　　　芋虫状黒鉛

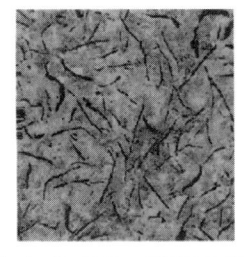

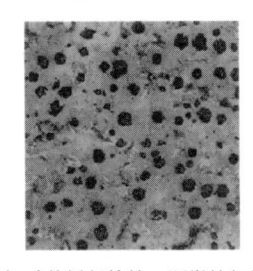

(e) ねずみ鋳鉄の顕微鏡組織　　(f) 球状黒鉛鋳鉄の顕微鏡組織

図 3.21　各種黒鉛の形状

表 3.18　ねずみ鋳鉄の用途例

主な材料	使 用 例
FC200 FC250	シリンダヘッド，シリンダブロック，クラッチプレッシャプレート，トランスミッションケース，ブレーキドラム，マスタシリンダ，ホイールシリンダなど
FC300 FC350	シリンダライナなど クラッチプレッシャプレートなど

表 3.18 にねずみ鋳鉄の種類と自動車における用途例を示す。表中の F は鉄（Ferrum），C は鋳造（Casting），数字は引張強さ（単位は〔MPa〕つまり〔N/mm^2〕）を意味している。

(2)　球状黒鉛鋳鉄

ねずみ鋳鉄は，黒鉛が片状であるので切欠き効果による強度の低下が問題である。マグネシウムを添加することで黒鉛を球状化し，鋼なみの強度を与えたものが**球状黒鉛鋳鉄**（spheroidal graphite cast iron）である。これはねずみ鋳鉄に比べ強く，延性があり，伸びも測定できる。

球状黒鉛鋳鉄は，**ダクタイル鋳鉄**（延性鋳鉄），ノジュラー鋳鉄（nodular

表3.19 球状黒鉛鋳鉄（ダクタイル鋳鉄）の用途例

主な材料	使 用 例
FCD350－22 FCD400－18 FCD450－10 FCD500－7 FCD700－2	アクスルハブ，ディファレンシャルケース，ステアリングギヤボックス，ステアリングアーム，クランクシャフトなど

graphite cast iron）とも称される。

　表3.19に球状黒鉛鋳鉄の種類と自動車における用途例を示す。表中の数字は引張強さ〔MPa〕と伸び〔％〕を意味している。

　なお，黒鉛の形状を芋虫形にした鋳鉄をバーミキュラ鋳鉄（Compacted Vermicular Graphite Cast Iron，通称CV材）という。バーミキュラ鋳鉄は，ねずみ鋳鉄と球状黒鉛鋳鉄の中間的な性質をもっている。

（3）可鍛鋳鉄

　ねずみ鋳鉄は炭素が黒鉛となっているが，炭素と鉄の化合物（セメンタイト）になっているのが**白鋳鉄**（white cast iron）である。ねずみ鋳鉄と同じ組成であっても冷却速度を大きくすると白鋳鉄ができる。白色を呈する破面を有する白鋳鉄に熱処理（高温で長時間焼なまし）したものが，**可鍛鋳鉄**（マレアブル鋳鉄，malleable cast iron）である。叩いても曲がり，すぐには壊れない意味で可鍛という用語がついている。

　可鍛鋳鉄は，黒鉛の形状が塊状であることが特徴的である。球状黒鉛鋳鉄と性質は似ているが，耐衝撃性に優れ，被削性が良い。

　表3.20に可鍛鋳鉄の種類と自動車における用途例を示す。

（4）合金鋳鉄

　合金元素を加えて基地組織を強化し，耐摩耗性，耐熱性，耐食性など特定の能力を向上させた鋳鉄のことを**合金鋳鉄**（alloy cast iron）という。特殊鋳鉄とも称されるが，この用語は合金鋳鉄ばかりでなく，球状黒鉛鋳鉄や可鍛鋳鉄に対しても使われる。

　合金鋳鉄の添加元素として，クロム（Cr），モリブデン（Mo），ニッケル

表3.20 可鍛鋳鉄の用途例

種類	主な材料	使用例
黒心可鍛鋳鉄	FCMB350-10	エンジンマウントブラケット，アクスハブ，ディファレンシャルケース，ドアヒンジなど
白心可鍛鋳鉄	FCMW350-4 FCMW380-12	薄物鋳物，二輪車用部品など
パーライト可鍛鋳鉄	FCMP450-6 FCMP550-4	バルブ，ロッカアーム，シフトフォークなど

表3.21 合金鋳鉄の用途例

種類	特徴	使用例
Cr鋳鉄	Crが黒鉛化を防止するので，組織が微細になり，チル化しやすく，かたくて耐熱性，耐摩耗性が高い	ブレーキドラム，シリンダブロックなど
Cr-Cu鋳鉄	Cuが組織を緻密にし，黒鉛を微細にするので，耐熱性，耐摩耗性が向上する	シリンダブロック，シリンダヘッド，シリンダライナなど
Ni-Cr鋳鉄	引張強さが大きく，耐熱性，耐摩耗性に優れている	ピストンリング，カムシャフトなど

(Ni)，銅（Cu），マンガン（Mn），バナジウム（V）などが使われる。
表3.21に合金鋳鉄の種類と自動車における用途例を示す。

3.5.2 エンジンの鋳鉄部品

（1）シリンダブロック

ガソリンエンジン用シリンダブロックには，ねずみ鋳鉄製が主流であったが，軽量化（燃費向上）のため鋳鉄からアルミニウム合金への材料置換が行われている。表3.22にシリンダブロック用材料の特性を示す。

（2）クランクシャフト

クランクシャフトに使用されている材料は，鋼と鋳鉄に大きく分けられる。エンジンの高出力化や軽量化に加えて振動・騒音規制などへの対応が必要となり，球状黒鉛鋳鉄製から鋼製への材料置換も進んでいる。

表3.22 シリンダブロック用材料の特性

ブロック材料		比重	縦弾性係数(ヤング率)$[kN/mm^2]$	熱伝導率$[W/m \cdot K]$	線膨張係数$[10^{-6}/K]$
鋳鉄	ねずみ鋳鉄	7.2	〜110	44〜59	9.2〜11.8
	バーミキュラ鋳鉄	7〜7.2	140〜160	42〜50	11〜13
アルミニウム合金	AC2A	2.7	73.5	121	21.5
	ADC12	2.71	72	100	21

図3.22 カムシャフト

(3) カムシャフト

カムシャフトは，吸・排気バルブを開閉させるためのカムを有する軸で，耐スカッフィング性や面圧疲労強度に優れていることが要求される。通常鋳鉄製のものが用いられる。その外観を図3.22に示す。

(4) 排気マニホールド

排気マニホールド（エキゾーストマニホールド）は，排出ガスを排気管に集める役目があり，エンジン部品のなかでは複雑でしかも高温にさらされる部品の1つである。鋳鉄製のものが主流であるが，軽量化や排気ガス対策のため，ステンレス鋼も採用されている。

3.6 焼結金属

焼結金属(sintered metal)とは,焼結合金とも称され,金属の粉末を結合した焼結材料である。焼結材料から成る製品を焼結品という。自動車において最初の焼結品が Cu-Sn 系の焼結含油軸受である。

粉末は液体のようにわずかな力で流動して容器に充填でき,これを加圧(成型)すると形を保ち,さらに溶融点以下の温度で加熱すると粉末どうしが結合(焼結)する。

各種金属粉末を主な原料として,それらに炭化物や酸化物などの粉末を添加・混合し成型・焼結して製品をつくる技術が粉末冶金であり,焼結金属は粉末冶金でつくられた材料である。その主なものは,電球のフィラメンに使われているタングステン合金のような高融点金属,切削のバイトや金型などに多用されている超硬合金,形状付与が容易で自動車部品としての焼結部品や含油軸受および特性の優れた磁性材料などがある。

3.6.1 粉末冶金

粉末冶金(powder metallurgy)は鋳造,鍛造,圧延などの製造法と比べると歴史は浅いが,次のような特徴をもっている。

① 加熱温度は融点以下である　金属粉末に圧力を加え成形したものを,その物質の融点より低い温度で熱処理をするとかたく固まり,一般の金属とほとんど変わらなくなる。鉄は炭素を少量添加して 1 150℃で 20 分程度加熱することで焼結する。つまり,焼結に必要な温度は主要成分の融点以下である。

② 合金や金属と非金属との複合材がつくれる　原料が粉末であるため,溶解法では困難または得ることができない材料をつくることができる。例えば,切削工具用に多用されている WC-Co 超硬合金がある。

③ 多孔質材料がつくれる　一般に焼結体は,無数の細かい気孔(ポア)を有する。材料の機械的特性を考えるうえでこの気孔は有害で,超硬合金などでは,わずかに存在する気孔をなくす努力がなされている。一方,この気孔を積極的に利用し,気孔に油を染み込ませたものが含油軸受である。

④ 高精度部品を経済的につくれる　粉末を金型に入れ圧縮・成形し焼結するため，最終形状に近い（ニアネットシェイプ）製品をつくることができ，材料の歩留まりが良い。負荷の軽いオイルポンプギヤなど形状が複雑なものを大量につくる場合，機械加工と比べ大幅に作業工程を省略することができ，高生産性，省エネルギーである。

3.6.2 焼結金属の製造工程

焼結金属（鉄系焼結部品）の製造工程は，図 3.23 に示すように粉末から始まり検査工程を経て製品となる。

(1) 粉末

粉末とは，粒子の集まりである。粉末の製法は溶けた金属溶湯をノズルから落下させ，高圧のガスや水を当てて噴霧するアトマイズ法，酸化物を還元した後，機械的に粉砕する還元法，電解析出させて粉砕する電解法，塊を機械的に砕く粉砕法などがある。

噴霧法では鉄粉や低合金粉，ステンレス粉など，還元法では鉄粉，電解法では銅粉，粉砕法では天然黒鉛粉などが製造されている。

粉末形状の一例を図 3.24 に示す。粉末は大きさの分布（粒度分布）が一定となるようにふるいで分級したものを混合して使われる。鉄粉の場合は約 0.2 mm から数十 μm までの大きさ（粒度）の分布をもっている。粉末の粒度分布は充填

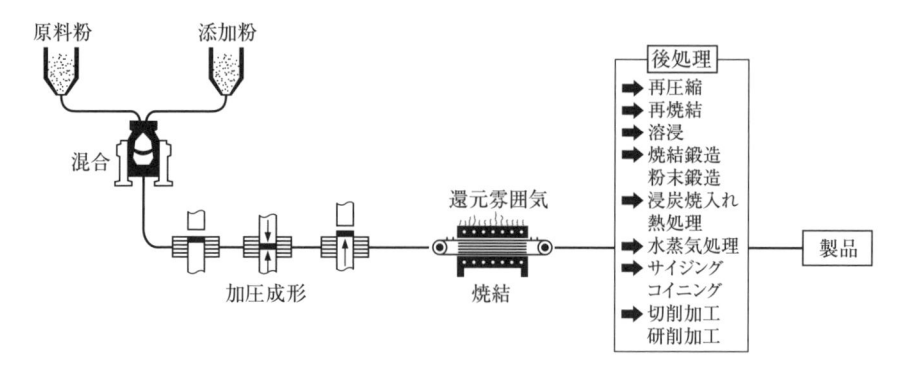

図 3.23　焼結金属の製造工程

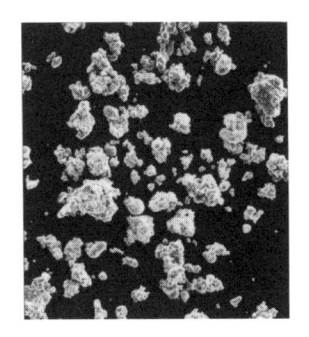

図 3.24 アトマイズ鉄粉の形状

の密度を変えるので，焼結材料の密度や強度さらに寸法精度にも大きく影響する。

(2) 混合

粒度分布などを均一化するための混合（ブレンディング）と，合金化するための添加物粉末および金型成型に必要な有機物質の潤滑剤などの混合（ミキシング）が行われる。混合にはボールミルやV型混合機などで行う。

鉄系焼結部品の場合には，混合による粉末の特性（かたさや形状など）は変えない程度の条件で混合されるが，極端に混合条件を厳しくして混合中に合金化をするのがメカニカルアロイング（機械的合金化）である。

(3) 充填と成型

充填は，混合粉末をホッパに蓄え，その下部のフィーダシュより金型内に落下させる。

金型（ダイ）で充填した粉末はプレスの上下パンチで加圧され，ダイの移動あるいは下パンチからの突き出しで圧粉体を取り出す。圧粉体は粉末間の凝着や絡み合いによって形を保っているので，粉末の形状と変形のしやすさ，圧粉体密度などがその強度を支配する。

(4) 焼結

焼結（sintering）は粉末間の結合を増し，焼結材料の機械的性質などの諸特性や寸法精度を決める最も重要な工程である。材料組成や密度，必要とする機械的性質などに応じて，最高温度と時間，加熱雰囲気などの焼結条件が選定される。

3.6 焼結金属

金属粉末の場合には，温度が上がると粉末の接触部（ネック）に表面拡散により原子が移動して結合が増す．次に粒界拡散や内部拡散により原子が移動し，ネックの面積が増し，収縮して密度が高くなる．内部の小さい空隙は消滅するが，大きい空隙は消滅せずに残存する．

(5) 後処理

焼結体の寸法は焼結による収縮や，合金化による収縮・膨張などの複雑な因子が存在して，部品の規格数値が得られない場合がある．

必要な寸法，形状精度を確保するため焼結体を再度金型に入れて圧縮し，所定の寸法を確保するサイジングや所定の形状を得るコイニングを行う場合もある．金型では成型できない形状や高精度が求められる場合は，切削や研削加工を行う．

高密度化の方法として焼結体をさらにもう一度圧縮する再圧縮再焼結する方法がある．また，高密度を得る特殊な方法に溶浸法がある．これは焼結材の残留空隙に低融点の金属を浸透する方法であり，鉄系焼結材料の溶浸材には銅を用いて空隙を減らす．さらに，高密度化の方法には，焼結体を加熱して熱間鍛造する焼結鍛造法と圧粉体を加熱して熱間鍛造をする粉末鍛造法がある．これらの方法により残留空隙は1%以下となり，欠陥が減少するので機械的性質や耐食性などの特性が向上して材料の信頼性が向上する．

高強度化やかたさを高めるために，適正組成を選び，浸炭焼入れや熱処理も行う．耐摩耗性や防錆のため水蒸気処理をして酸化物で空隙をふさぐこともある．

(6) 検査

焼結機械部品は同一形状の部品が大量に生産されているので，抜取りで寸法精度，密度，かたさ，顕微鏡組織などの検査をする．多くの部品は表面に残留空隙が存在して表面粗さや腐食などに敏感なので，検査後は防錆のため含油処理などをして出荷する．

3.6.3　自動車の焼結部品

焼結機械部品用として定められている材料規格（JIS Z 2550）を表3.23に示す．一般の金属材料のように化学成分や機械的性質の値が定められているが，そ

表3.23 焼結機械部品用材料

種類		記号	合金系	密度 〔g/cm³〕	引張強度 〔MPa〕	シャルピー値 〔J/cm²〕	伸び 〔%〕
SMF 1種	1号	SMF1010	純鉄系	6.2以上	100以上	5以上	3以上
	2号	SMF1015		6.8以上	150以上	10以上	5以上
	3号	SMF1020		7.0以上	200以上	15以上	5以上
SMF 2種	1号	SMF2015	鉄－銅系	6.2以上	150以上	5以上	1以上
	2号	SMF2025		6.6以上	250以上	5以上	1以上
	3号	SMF2030		6.8以上	300以上	8以上	2以上
SMF 3種	1号	SMF3010	鉄－炭素系	6.2以上	100以上	5以上	1以上
	2号	SMF3020		6.4以上	200以上	5以上	1以上
	3号	SMF3030		6.6以上	300以上	5以上	1以上
	4号	SMF3035		6.8以上	350以上	5以上	1以上
SMF 4種	1号	SMF4020	鉄－炭素－銅系	6.2以上	200以上	5以上	1以上
	2号	SMF4030		6.4以上	300以上	5以上	1以上
	3号	SMF4040		6.6以上	400以上	5以上	1以上
	4号	SMF4050		6.8以上	500以上	5以上	1以上
SMF 5種	1号	SMF5030	鉄－炭素－銅－ニッケル系	6.6以上	300以上	10以上	1以上
	2号	SMF5040		6.8以上	400以上	10以上	1以上
SMF 6種	1号	SMF6040	鉄－炭素（銅溶浸）系	7.2以上	400以上	10以上	1以上
	2号	SMF6055		7.2以上	550以上	5以上	0.5以上
	3号	SMF6065		7.4以上	650以上	10以上	0.5以上
SMF 7種	1号	SMF7020	鉄－ニッケル系	6.6以上	200以上	15以上	3以上
	2号	SMF7025		6.8以上	250以上	20以上	5以上
SMF 8種	1号	SMF8035	鉄－炭素－ニッケル系	6.6以上	350以上	10以上	1以上
	2号	SMF8040		6.8以上	400以上	15以上	2以上
SMS 1種	1号	SMS1025	オーステナイト系ステンレス鋼	6.4以上	250以上	－	1以上
	2号	SMS1035		6.8以上	350以上	－	2以上
SMS 2種	1号	SMS2025	マルテンサイト系ステンレス鋼	6.4以上	250以上	－	0.5以上
	2号	SMS2035		6.8以上	350以上	－	1以上
SMK 1種	1号	SMK1010	青銅系	6.8以上	100以上	5以上	2以上
	2号	SMK1015		7.2以上	150以上	10以上	3以上

の他に密度の下限値も定められている．最も多用されている材料の種類は，SMF4種の鉄-炭素-銅系で，強度が高く，部品寸法の安定性に優れている．

自動車に適用されている主な焼結部品を図3.25に示す．

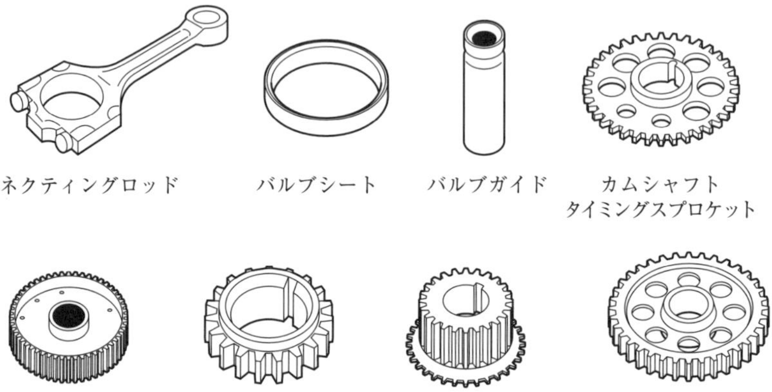

コネクティングロッド　　バルブシート　　バルブガイド　　カムシャフトタイミングスプロケット

カムシャフトタイミングプーリ　　クランクシャフトタイミングスプロケット　　クランクシャフトタイミングプーリ　　オイルポンプギヤ

```
エンジン部品
  バルブシート
  カムリング
  カムシャフトタイミングスプロケット
  クランクシャフトタイミングスプロケット
  コネクティングロッド
  ベアリングキャップ
  VVTロータ
  オイルポンプギヤ
  スタータピニオン
```

```
駆動部品
  クラッチハブ
  シンクロナイザリング
  スプラインピース
  レバー
  シフト部品
  プラネタリキャリア
```

```
ボディ部品
  ドアヒンジブッシュ
  ドアロックストライカ
  ロックピニオン
  サンルーフ部品
  エアバック部品
```

```
シャシ部品
  ショックアブソーバ部品
  アクスル部品
  ステアリング部品
```

図3.25　自動車の焼結部品

表3.24 焼結含油軸受

記号	種別	化学成分〔%〕						含油率容量〔%〕	圧縮強さ〔MPa〕
		Fe	C	Cu	Sn	Pb	Zn	その他		
SBF3118	Fe-C系	残	0.2~0.6	−	−	−	−	3以下	18以下	196以上
SBF4118	Fe-C-Cu系	残	0.2~0.6	5以下	−	−	−	3以下	18以下	275以上
SBK1218	青銅系	1以下	2以下	残	8~11	−	−	0.5以下	18以下	147以上
SBK2218	鉛青銅系	1以下	2以下	残	6~10	5以下	1以下	0.5以下	18以下	147以上

（1） 焼結含油軸受

　焼結含油軸受は表3.24に示すように，Cu系とFe系がある。油は運転に伴って自動的に摺動面に流出し，運転が停止すると油は再び気孔に吸収されるので，焼付きの恐れもなく，長時間給油の必要がない。ドアウィンドウ，スタータ，ミッション関係などの軸受に使用されている。

（2） バルブシート

　乗用車用エンジンのバルブシートは，鉄系焼結材料が主流となっている。耐熱性や耐摩耗性などの性能上の点と，部品の歩留まりが高く量産性に優れる点から焼結材料が多用されている。

（3） 粉末鍛造コンロッド

　粉末鍛造とは，圧粉体を熱間で鍛造し緻密化する技術である。Fe-Cu-C系合金製の粉末鍛造コンロッドの採用例がある。ネットシェイプの圧粉体を焼結雰囲気中で加熱し，熱間で鍛造してつくられる。

（4） 焼結接合カムシャフト

　通常カムシャフトは鋳鉄製の一体ものであるが，焼結カムと鋼製のパイプを接合した中空カムシャフトがある。

（5） ネオジム・鉄・ボロン磁石

　一般に強磁性材料はかたくて切削加工し難いものが多く，小型で大量生産する部品を低コストでつくるには原料の歩留まりが良く，形状の自由度が高く，加工が少しですむ粉末冶金が有利となる。強磁性材料には硬質（永久磁石）と軟質（磁心）がある。

　最も強力な永久磁石NdFeB系磁石は，コンピュータのボイスコイルモータや

磁気共鳴イメージング装置（MRI）に，自動車ではABS用の車輪速センサや，電動パワーステアリングに組み込まれている。電気自動車（EV）やハイブリッド車（HEV）のモータの回転子には，このネオジム磁石がサマリウムコバルト磁石に代わり装着されている。

第4章

非鉄金属材料

非鉄金属材料とは，鉄鋼以外の金属材料のことである。アルミニウムや銅などをはじめ，金，銀，白金などの**貴金属**（noble metal）が非鉄金属材料である。自動車では，アルミニウム，銅，亜鉛などの非鉄金属が主に用いられている。

アルミニウム（Al）は，マグネシウム（Mg），チタン（Ti）などとともに**軽金属**（light metal）といわれ，比重が4もしくは5以下の金属である。軽合金の主流になっているのがアルミ系材料である。自動車をはじめ，構造物，機器・装置において軽量化が要求されているので，まず軽金属について述べた後に，銅などについて説明することとする。

4.1 アルミニウム

アルミニウムは鉄に次ぐ自動車材料といえる。非鉄金属の代表であるアルミニウムの比重は鉄の約1/3で，アルミ系材料は強度の高い合金が多いので，比強度（強度／比重）の高いことが大きな特徴である。軽量化の要求により，鉄鋼や銅系の材料に置き換わってアルミ系材料が使用されている。

アルミニウム合金は，従来から鋳造や鍛造品がエンジンや足まわりに使われているが，ボディにも利用されている。自動車への使用量は，重量比率で約7%弱である。エンジンやトランスミッション部位では，約80%が鋳物やダイカスト合金が使われている。

4.1.1 アルミニウムとその合金

アルミニウム（aluminum，Al）は，金属としては地球上で最も存在量が多い元素である。Alの比重は2.7で，実用金属としてはMg（1.74），Be（1.85）に次いで軽い。融点は660℃と低く，fcc構造の銀白色をした金属である。弾性率（縦弾性係数）は約70 GPa，剛性率（横弾性係数）は約27 GPaである。

工業的にアルミニウムを製造するには，原料鉱石のボーキサイト（$Al_2O_3 \cdot 2H_2O$）からアルミナ（Al_2O_3）をつくり，氷晶石を溶媒にして電気分解によりAlを得る。アルミニウムの酸化物は鉄の酸化物より酸素との結合力が大きいので，製鉄のように炭素と一緒に加熱しただけでは酸素は離れない。つまり電気エネルギーの力を必要とする。

アルミニウムは，①軽量，②大気中，水中における耐食性が良好，③熱および電気の伝導性に優れる，④加工性，接合性，成形性が良い，⑤光や熱の反射率が高い，⑥低温にも耐える，さらに⑦リサイクル性が良いなどの特徴をもっている。

純アルミニウムは身近にある1円玉である。しかし，やわらかく，強度が低い（引張強さは50～100 MPa）ので，銅（Cu），マンガン（Mn），ケイ素（Si），マグネシウム（Mg），亜鉛（Zn）などを1種類あるいは数種類加え，合金として使用する。金属バット，アルミサッシ，アルミ缶などはアルミニウム合金である。

アルミニウム合金は，図4.1に示すように，展伸用（加工用アルミ，高力アル

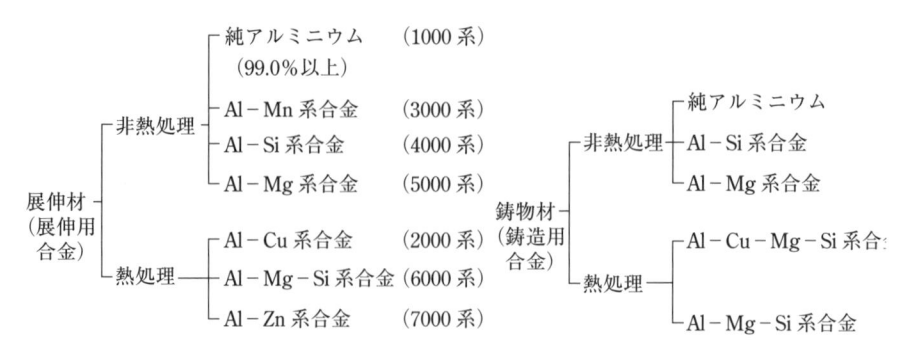

図4.1 アルミニウム合金の分類

ミ）と鋳造用（普通鋳造用アルミ，ダイカスト用アルミ）に分類される。

1 展伸用アルミニウム合金

展伸用アルミニウム合金は，JISではA 2000～A 7000で示される。加工用Al合金（圧延，鍛造，押出し，引抜きなどで加工される材料）と高力Al合金，あるいは非熱処理型合金（3000系，4000系，5000系）と熱処理型合金（2000系，6000系，7000系）とに分けられる。

5000系と6000系がボディに使用されている。熱処理型合金中の2000系と7000系の合金が，高力Al合金であるジュラルミンである。

JISの1000系アルミニウムは純アルミニウムである。軽いが強度は低い純アルミニウムに，銅（Cu），マグネシウム（Mg），マンガン（Mn）などを少し混ぜて合金にすることにより強度が増し腐食にも強いことが発見された。この合金を初めて生産したドイツのジューレン工場の名を取ってジュラルミンと呼ばれる。その後，強さを約10％増した超ジュラルミンができ，引張強さで軟鋼とほぼ同じになった。そして，亜鉛を混ぜるとさらに強くなることがわかり，超々ジュラルミン（7000系合金）が登場した。表4.1にそれらの特性を示す。

① 2000系合金　Al−Cu（−Mg）系合金で，Cuを主要元素として3.5～6％添加し，さらにMg，Mn，Siを加えた合金である。Al−4％Cu−0.5％Mg−0.5％MnのA 2017は，**ジュラルミン**（duralmin）と呼ばれ，最初に実用された展伸用アルミニウム合金である。

Al−4.5％Cu−1.5％Mg−0.5％MnのA 2024は**超ジュラルミン**（super duralmin）と呼ばれ，190℃前後の時効処理によって鋼材に匹敵する引張強さが得られる。2000系などの高力Al合金は一般に耐食性に劣る。

② 3000系合金　Al−Mn系合金で，Mnを1～1.5％添加して強度を高めた合金である。成形加工，特に深絞り性が良く，溶接性や耐食性にも優れる。アルミ缶の胴部（A 3004）の材料である。

③ 4000系合金　Al−Si系合金で，Al−（11～13.5）％Siに1％程度のCu，Mg，Niを含有し鍛造品用，溶接材料用合金である。A 4032は線膨張係数（熱膨張率）が低く，耐熱性および耐摩耗性が良く，鍛造性に優れ，鍛造ピストンに使用される。

表4.1 ジュラルミンの特性

	Al	ジュラルミン A 2017-T4	超ジュラルミン A 2024-T4	超々ジュラルミン A 7075-T6
比重 (密度〔g/cm³〕)	2.70	2.79	2.77	2.80
融点 〔℃〕	660	630～700	502～638	476～638
熱伝導率 〔W/m・K〕	237	134	121～151	130
縦弾性係数 (ヤング率) 〔GPa〕	69	69	74	72
横弾性係数 〔GPa〕	27	26.7	29	28
降伏強さ(耐力) 〔MPa〕	15	195	323	505
引張強さ 〔MPa〕	55	355	490	573
線膨張係数 〔10^{-6}/℃〕	23.9	23.4	23.2	23.1
電気伝導率 〔IACS%〕	64	34	30～38	33
伸び(破断伸び) 〔%〕	30	15	15	11

④ 5000系合金　Al-Mg系合金で，引張強さが300～400 MPaと，非熱処理型合金のなかで最高の性能を有し，耐食性も純アルミニウムに匹敵するものが多い。加工性や溶接性に優れ，光沢も良いので，溶接構造材として自動車および電車などの車両に広く使用される。飲料缶のふた(A 5182)，アルミホイール(A 5454)の材料である。

⑤ 6000系合金　Al-(0.5～1.0)% Mg-(0.5～1.0)% Si合金で，中強度と耐食性をもち，加工性にも優れる。Cuを少し添加したA 6061は，T6処理によって耐力250 MPa以上が得られ，サスペンション部品に用いられている。T6処理とは，強度を向上させる熱処理(溶体化-時効処理，4.1.2項)のことである。

6000系合金はアルミホイール(A 6061, A 6151)にも使用されている。身近なアルミサッシの材料は,押出し加工性やアルマイト性に優れるA 6063という合金で,Cuを加えていないため,強度はやや劣る。

⑥ 7000系合金　Al-Zn-Mg(-Cu)系合金で,強度が高い。Al合金中最高の強度を有しているAl-5.5% Zn-2.5% Mg-1.5% Cu-0.23% CrのA 7075は,**超々ジュラルミン**(ESD: Extra Super Duralmin)と呼ばれる合金で,T6処理を行うと600 MPa程度の引張強さが得られる。比強度が著しく高いので,航空機で最も負荷を受ける主翼上面板をはじめとする宇宙・航空機用,車両用,スキーストックや金属バット,ゴルフ・シャフトなどのスポーツ用品まで用途が広い。

その他に8000系合金として,上記の合金系に属さない,急冷凝固粉末冶金合金や低密度・高剛性材料として開発されたAl-Li合金がある。

2　鋳造用アルミニウム合金

鋳造用アルミ合金には,普通鋳造用とダイカスト用がある。鋳鉄(比重7.1)に比較して軽量であること,鋳造性が良好なことから,軽量化が要求される自動車部品に多用されている。普通鋳造用アルミニウム合金は,主として重力鋳造法で使用される。一方,加圧鋳造法が**ダイカスト**(die casting)である。

(1)　普通鋳造用アルミニウム合金

普通鋳造用Al合金は,JISでは表4.2に示すように,AC1～AC9で示される。Aはアルミニウム,Cは鋳造(casting)を意味する。自動車用途にはシリンダヘッド,シリングブロック,吸気マニホールド,ピストン,クランクケース,ミッションケース,ギヤハウジング,クランクハウジングなど多数の用途がある。

代表的な合金には,Al-Cu系,Al-Cu(-Ni-Mg)系,Al-Si系,Al-Si(-Cu, Mg, Ni)系,Al-Mg系がある。

① Al-Cu系　AC1系は,添加元素の固溶強化と時効硬化によって強度を向上させた合金である。Al-Si系やAl-Mg系に比較して耐食性は劣るが,強度と耐熱性に優れるので,強度を要求される部材に使用される。

② Al-Cu-Si系　AC2系は,ラウタル(lautal)と呼ばれる合金がその代表である。鋳造性や機械的性質が良い。

表 4.2 普通鋳造用アルミニウム合金（アルミニウム合金鋳物）

種　類	記号	合金系	参　考　相当合金名
鋳物 1 種 A	AC1A	Al－Cu 系	ASTM：295.0
鋳物 1 種 B	AC1B	Al－Cu－Mg 系	ISO：AlCu4MgTi NF：AU5GT
鋳物 2 種 A	AC2A	Al－Cu－Si 系	
鋳物 2 種 B	AC2B	Al－Cu－Si 系	
鋳物 3 種 A	AC3A	Al－Si 系	
鋳物 4 種 A	AC4A	Al－Si－Mg 系	
鋳物 4 種 B	AC4B	Al－Si－Cu 系	ASTM：333.0
鋳物 4 種 C	AC4C	Al－Si－Mg 系	ISO：AlSi7Mg（Fe）
鋳物 4 種 CH	AC4CH	Al－Si－Mg 系	ISO：AlSi7Mg ASTM：A356.0
鋳物 4 種 D	AC4D	Al－Si－Cu－Mg 系	ISO：AlSi5CulMg ASTM：355.0
鋳物 5 種 A	AC5A	Al－Cu－Ni－Mg 系	ISO：AlCu4Ni2Mg2 ASTM：242.0
鋳物 7 種 A	AC7A	Al－Mg 系	ASTM：514.0
鋳物 8 種 A	AC8A	Al－Si－Cu－Ni－Mg 系	
鋳物 8 種 B	AC8B	Al－Si－Cu－Ni－Mg 系	
鋳物 8 種 C	AC8C	Al－Si－Cu－Mg 系	ASTM：332.0
鋳物 9 種 A	AC9A	Al－Si－Cu－Ni－Mg 系	
鋳物 9 種 B	AC9B	Al－Si－Cu－Ni－Mg 系	ASTM：332.0

③ Al－Cu（－Ni－Mg）系　　AC5 系は，Al－Cu 系に耐熱性をもたせるために Ni を添加した合金で，Y 合金とも呼ばれる。耐熱性に優れ，高温強度も高いが，鋳造性が悪く，線膨張係数（熱膨張率）が大きい。

④ Al－Si 系　　AC3A はシルミン（silumin）と呼ばれ，流動性が良く，鋳造割れが生じないので，薄肉で大型鋳物，複雑な形状の製品に使用される。また強度もあり，耐食性も良く，線膨張係数も小さいので，ケースやカバー類，自動車用部品，航空機部品に使用される。

⑤ Al－Si－Mg 系　　AC4 系は，Al－Si 系合金の Si 量を減らし Mg を加えた合金で，鋳造性を維持したまま機械的性質を改善している。

タイヤホイールに使用される AC4CH は，AC4C 合金の靱性の向上を図った材料である。ホイールは，ばね下質量を手軽に軽量化できる部品で，アルミホイールは鋼板製と比べ，40〜50％の軽減が図れる。軽合金製ホイールは，アルミニウム合金製ホイールとマグネシウム合金製ホイールを意味する。

⑥ Al-Si（-Cu, Mg, Ni）系　**ローエックス**（Lowex, Low expansion）と呼ばれる AC8 系合金は，線膨張係数が鋳鉄に近く，高温強度，耐熱性，耐摩耗性に優れるので，ピストン，シリンダヘッドに多用される。

　AC8 系（Al-Si-Cu-Ni-Mg 系）合金は，Al-Cu-Ni-Mg 系合金の Cu 量を減らし Si を添加して線膨張係数を小さくし，耐摩耗性を高めたものである。AC9 系（Al-Si-Cu-Mg 系）合金では，Si 量がさらに多く，AC9A は 23％，AC9B は 19％含有している。

　図 4.2 に Al-Si 系の状態図を示すが，12.6％ Si を境に合金組織は変化する。Si が多くなると線膨張係数が低下する。

⑦ Al-Mg 系　AC7 はヒドロナリウム（hydronalium）と呼ばれ，耐食性，特に耐海水性に優れる。食料用器具，化学用品，住宅や建築物の装飾，事務機

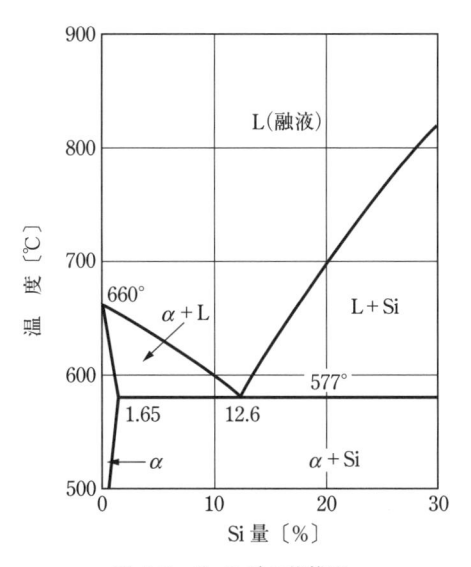

図 4.2　Al-Si 系の状態図

表4.3 ダイカスト用アルミニウム合金（アルミニウム合金ダイカスト）

種類	記号	合金系
1種	ADC1	Al－Si系
3種	ADC3	Al－Si－Mg系
5種	ADC5	Al－Mg系
6種	ADC6	Al－Mg系
10種	ADC10	Al－Si－Cu系
10種Z	ADC10Z	Al－Si－Cu系
12種	ADC12	Al－Si－Cu系
12種Z	ADC12Z	Al－Si－Cu系
14種	ADC14	Al－Si－Cu系

器，ドア金具，船舶用品など用途が広い。

(2) ダイカスト用アルミニウム合金

ダイカスト用 Al 合金は，JIS では表 4.3 に示すように，ADC の記号で示される。ダイカストとは，最終製品の形状を覆うように加工した金型（ダイ，die）に，溶融状態の Al 合金をプランジャにより 20～60 m/s，3～150 MPa（30～1500 kgf/cm^2）程度の高速・高圧力で金型内へ射出し，急速に凝固させる鋳造法である。精度が高く，鋳肌がきわめて美しいが，装置が高価であるので大量生産品に適用される。素材には，Al－Si 系や Al－Mg 系合金が使用されている。Al－Si－Cu 系合金（ADC10，ADC12）は，普通鋳造用合金 AC4B に相当するもので，多用されている。

4.1.2 熱処理と表面処理

(1) 溶体化処理と時効

アルミニウム展伸材は，各種の冷間加工や熱処理によって強度や成形性などの性質を調整する。その質別記号を表 4.4 に示す。質別記号は，製造過程における加工，熱処理条件の違いによって得られたアルミニウム合金の機械的性質の区分を示すものである。

アルミニウムに銅を約 4% 入れたアルミニウム合金は，550℃程度で均一な固溶体となっている。水中に放り込んで急冷すると，銅を限度以上に溶かし込んだ

表 4.4 アルミニウム合金展伸材の質別記号

F	製造のまま	(加工硬化または熱処理について,特別の調整をしない製造工程から得られるもの)
O	完全焼なまし(最もやわらかい状態を得るように焼なましたもの)	
H	加工硬化	
	−H1 加工によって硬化したもの(加工硬化だけのもの)	
	−H2 加工硬化後一部なましたもの	(加工硬化後,適度に軟化熱処理したもの。所定の値以上に加工硬化した後に適度の熱処理によって所定の強さまで低下させる)
	−H3 加工硬化後安定化させたもの	(加工硬化した製品の低温加熱によって安定化処理したもの)
T	熱処理を行ったもの(熱処理によりF・O・H以外の安定な質別にしたもの)	
	−T4 溶体化処理後常温時効(自然時効)	
	−T5 人工時効(溶体化処理を行わず)	
	−T6 溶体化処理後人工時効	
	−T7 溶体化処理後高温人工時効	

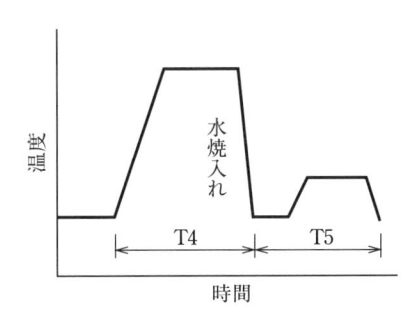

図 4.3 アルミニウム合金の熱処理方法(T6処理)

過飽和状態の固溶体となる。この過飽和固溶体を得る熱処理(鋼の焼入れに相当)を**溶体化処理**という。

過飽和固溶体を室温に置いておくと強さやかたさが増加する現象があり、これを**時効**(aging)という。室温に放置する場合を自然時効、室温より少し温度を上げて強さやかたさの増加を速める場合を人工時効という。

アルミニウム合金の熱処理は、図 4.3 に示すように、T6 処理が基本である。すなわち 500℃ 程度で数時間加熱後に水で急冷し、その後 100〜200℃ で数時間

加熱する。

(2) アルマイト処理（陽極酸化法）

アルミニウムの陽極酸化による表面処理（陽極酸化皮膜処理）を**アルマイト**と称している。アルミ製品の表面に酸化皮膜（Al_2O_3）を生成し，耐食性と耐摩耗性を向上させる。

Al は化学的な作用が強い金属であるが，錆びにくいのは表面に緻密な酸化膜 Al_2O_3 が生成されるためである。アルミ製品の防食法としては，この酸化膜を人工的につくることが効果的で，薄い酸，例えば，5～10％のシュウ酸水溶液の中にアルミ製品を陽極として電解する。

4.1.3 アルミニウム合金と鉄鋼

アルミニウム（Al）と鉄（Fe）を比較すると，アルミニウムは鉄の1/3 程度の重さで，熱の伝導率は鉄の3倍程度と，特性が異なる（2.1節参照）。

アルミニウム合金と炭素鋼の機械的性質を比較した一例を表 4.5 に示す。アルミニウム合金の比強度は良いが，比剛性（比弾性率）は炭素鋼と同じ程度である。アルミニウム合金の線膨張係数は約 23×10^{-6}/℃で，軟鋼の約2倍と大きいため，熱加工時には熱応力の発生や変形が大きくなる。

4.1.4 シリンダとピストン

(1) シリンダ

シリンダ（シリンダブロック）は，エンジンのなかで最も重要な部分で，①高

表4.5 アルミニウム合金と軟鋼の比較

機械的性質	アルミニウム合金	軟鋼
比重（ρ）	2.7	7.8
縦弾性係数（E）〔GPa〕	71	210
引張強さ（TS）〔MPa〕	270	300
降伏点，耐力（YP）〔MPa〕	140	200
比剛性　E/ρ	26	27
比強度　TS/ρ	100	38
YP/ρ	52	26

(a) ライナ使用アルミシリンダ　　　　(b) ライナレスアルミシリンダ

図 4.4　アルミシリンダとライナ

い剛性（ゆがみやたわみが少ない），②高い冷却性能（焼付きを起こさない），③耐久性，耐摩耗性が良いこと，④軽量などが求められる。

シリンダには，鋳鉄シリンダとアルミニウム合金でつくられたアルミシリンダがある。アルミシリンダに使用される材料は，機械的特性，鋳造性，被削性に優れている ADC12（Al－Si－Cu 系合金）である。次に多いのは ADC10 で，ADC12 とほぼ同じ特性をもっている。鋳造のしやすさは劣るが，耐摩耗性，耐熱性に優れる ADC14（Al－Si－Cu 系合金）も使用される。

アルミシリンダには，図 4.4 に示すように，ライナ使用のものとライナレスのものがある。

① ライナ使用アルミシリンダ　　一般的にアルミニウムは，熱伝導性が良く軽量であるが，耐摩耗性が悪い。そのため，ライナと呼ばれる筒状の部品をシリンダ壁面に使用し，ピストンとの間で生ずる摩擦による摩耗や，焼付きを防ぐ。

　ライナには，鋳鉄製とアルミ製がある。鋳鉄製ライナが一般に用いられる。アルミ製には，粉末成型ライナや MMC（メタル・マトリックス・コンポジット）ライナがある。粉末成型ライナは，粉末状のシリコン系のアルミニウム合金に耐摩耗成分（アルミナ，黒鉛，鉄など）を添加して成型したものである。MMC ライナは，セラミックス繊維のプリフォームを鋳込んで，鋳造と同時にライナを成型する。

② ライナレスのアルミシリンダ　　ライナレスのアルミシリンダの場合には，

耐摩耗性を向上させるため，シリンダ全体を高シリコンアルミニウム合金（シリコン含有量20%程度），あるいは摺動面にニッケル系のめっきを施している。

(2) ピストン

ピストンは，そのクラウン部が燃焼ガスに接するので，ある程度耐熱性を要し，かつ慣性力を小さくするため軽いことが望まれる。大型のディーゼルエンジンなどでは，耐熱性，耐摩耗性が優れる鋳鉄製ピストンも用いられるが，通常アルミ製ピストンが主に金型鋳造でつくられ使用されている。表4.6には，ピストンの合金成分を示した。

アルミ製ピストンは，軽量で熱伝導性が高いので高速往復運動に適しているが，線膨張係数が大きいので形状や構造に工夫を施している。例えば，ピストンピンの入るボスの軸心方向の寸法は，図4.5に示すように，軸心方向と直角方向の寸法より小さくつくられている。

なお，ピストンピンにはクロム鋼（SCr）やクロムモリブデン鋼（SCM）が使

表4.6　ピストン用アルミニウム合金

JIS	化学成分〔%〕				線膨張係数 〔10^{-6}/℃〕	比重	備考
	Si	Cu	Mg	Ni			
AC8A	12	1.1	1.0	1.2	21.0	2.70	ローエックス
AC9B	19	1.0	1.1	1.0	20.0	2.68	高ケイ素アルミニウム合金
AC9A	23	1.0	1.1	1.0	19.3	2.65	

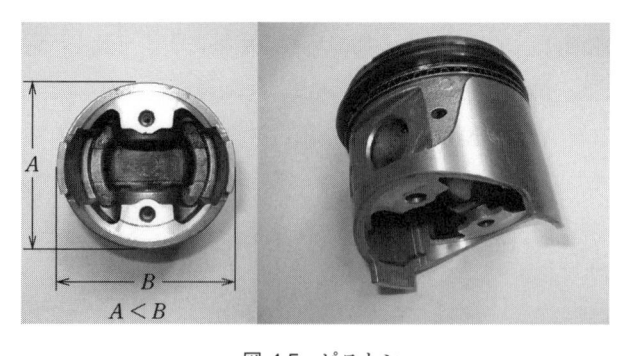

図4.5　ピストン

表 4.7　ガソリンエンジン用リング仕様と材料

	仕　　様		材　料
トップリング	バレルフェース レクタンギュラリング		球状黒鉛鋳鉄 ステンレス鋼
セカンドリング	テーパフェース レクタンギュラリング		ねずみ鋳鉄
オイルリング	組合せオイルリング		ステンレス鋼 ばね鋼

用されている。特殊鋼表面は浸炭焼入れなどによる表面硬化処理が施され，強靭性と耐摩耗性をもたせている。

　燃費やオイル消費の改善にはピストン，ライナそしてピストンリングの最適化が大切である。ピストンリングには，鋼や鋳鉄が用いられ，耐摩耗性の向上のためクロムめっきなどの表面処理が施される。

　ガソリン乗用車におけるピストンリングの標準仕様は，表4.7に示すように，①トップリングには，初期なじみ性が良いバレルフェイス形状，②セカンドリングには，オイルをかき落す性能が良く機密性にも優れているテーパフェイス形状のテーパリング，③オイルリングには，追従性が良くシリンダ壁を潤滑した余分なオイルをかき落す機能が優れた3ピースオイルリング（組合せ型オイルリング）である。

4.1.5　アルミボディ

　国産車におけるボディのアルミ化では，オールアルミボディの車もあるが，フロントフード（ボンネット）主体で採用されている。5000系（Al−Mg系）と6000系（Al−Mg−Si系）のアルミニウム合金が使われている。

　5000系は，非熱処理型合金で成形性に優れる。そのため，フードインナやドアインナなどはプレス加工の厳しい部位に使用される。A5182，A5052に代表される固溶強化型合金は構造材，成形材として広く用いられている。この系の合金は溶接性に優れ，耐食性は実用アルミニウム合金のなかでは最も良い。反面，

表4.8 ボディパネル用アルミニウム合金の機械的性質（板厚1 mm）

材質	引張強さ〔MPa〕	耐力〔MPa〕	伸び〔％〕
5000系	275	140	30
6000系	240	130	30
鋼板（SPCC）	305	160	46

塗装焼付きによる強度の向上（BH性，ベークハード性）がないこと，Mg含有量と加工熱処理条件によっては応力腐食割れの危険性があること，プレス成形時にストレッチャストレインマークが発生しやすいことなどの欠点がある。

6000系は，熱処理型合金で塗装焼付時に耐力が上昇する。つまり，この系の合金はプレス後の塗装焼付処理でMg_2Siが析出することによりBH性が発揮される。ストレッチャストレインマークの発生がなく，成形性，耐食性，溶接性にも優れる。

これらのボディ用アルミニウム合金は，比強度に優れるため軽量化効果が高い。鋼板と同等の強度，剛性を与えた場合，40～50％の軽量化が可能である。また，リサイクル性にも優れている。しかし，鋼板に比べ高価であり，伸びは鋼板の約65％で成形性が悪く，表面がやわらかいため搬送時に傷つきやすく，板金修理が難しい問題などがある。

表4.8には，アルミボディパネルとして使用されている合金の特性を示した。

4.2 マグネシウム

アルミニウムの2/3程度の重さで再利用も容易なマグネシウムが，自動車の部品材料として注目される。コストや製造の難しさ，製造時に発火しやすいといった問題も残るが，アルミニウムに次ぐ基幹素材となる可能性を秘めている。

4.2.1 マグネシウムとその合金

マグネシウム（magnesium，Mg）は，hcp構造を示す活性な銀白色の金属である。比重は1.74なので，実用金属のなかでは最も軽く，重さはアルミニウム（Al）の2/3，鉄の1/4.5である。比強度も高く，さらに放熱性，電磁波シール

ド性，振動吸収性にも優れている。弾性率は約 44.7 GPa である。融点は 649℃ で，アルミニウムとほぼ同じである。

Mg は，ドロマイト，マグネシアを原料に用い，最終的に電気分解法や熱還元法などで製造されている。

純 Mg はそのまま構造用材料として用いられることはない。Mg を構造材料として用いるときは，製造性を高め，強さなどの機械的性質を改良するため，各種の合金元素を添加する。Mg 合金の主な添加元素は，Al と Zn である。

Mg 合金は鋳造（鋳物）用と展伸（加工）用に大別される。

1 鋳造用マグネシウム合金

Mg 合金は鋳造合金として使用されることが多い。Al 合金と同様に，鋳造用 Mg 合金は普通鋳造用合金とダイカスト合金に分けられる。

（1） 普通鋳造用マグネシウム合金

普通鋳造用 Mg 合金は，比強度が高く，被削性にも優れる。Al ダイカスト品に代用される。JIS では，MC1 〜 MC10（MC4 はない）の 9 種類 10 合金が規定されている。M はマグネシウム，C は鋳造（casting）を意味する。

表 4.9 に Mg 合金鋳物例を示す。表にはアメリカの ASTM（American Society for Testing Materials，アメリカ材料試験協会）規格を参考に示した。この規格で

表4.9　鋳造用マグネシウム合金

JIS		ASTM相当合金	Mg 以外の主要成分〔%〕	引張強さ〔MPa〕	耐力〔MPa〕	伸び〔%〕
種類	記号					
1種	MC1	AZ63A	Al：5.3 〜 6.7，Zn：2.5 〜 3.5，Mn：0.15 〜 0.35	>180	>80	>2
2種	MC2	AZ91	Al：8.1 〜 9.3，Zn：0.40 〜 1.0，Mn：0.13 〜 0.35	>160	>80	>2
5種	MC5	AM100A	Al：9.3 〜 10.7，Mn：0.1 〜 0.35	>240	>110	>2
6種	MC6	ZK51A	Zn：3.6 〜 5.5，Zr：0.5 〜 1.0	>240	>140	>5
8種	MC8	EZ33A	Zn：2 〜 3.1，Zr：0.5 〜 1.0，RE：2.5 〜 4.0	>140	>100	>2
10種	MC10	ZE41A	Zn：3.5 〜 5，Zr：0.4 〜 1.0，RE：0.75 〜 1.75	>200	>140	>3

は，合金元素とその量がわかるので便利である。表中のRE（Rare Earth）は**希土類元素**で，LaやLuなど17元素の総称である。

① Mg-Al-Zn系　　MC1-MC3系合金である。MC1は強度と靭性が比較的高い。MC2とMC3は熱処理（T6処理）が行われ，最高の強度を示す。自動車の用途は，クランクケース，ギヤボックス，トランスミッションケースなどである。

② Mg-Al-Mn系　　MC5系合金で，強度と靭性があり，耐圧鋳物に適する。一般鋳物用，エンジン部品などに使用される。

③ Mg-Zn-Zr系　　MC6，MC7系合金である。この系の合金は，レース用タイヤホイールに使用されている。Zrによる結晶粒微細化とZnによる析出硬化によって，MC5よりも高い靭性と延性をもっている。

④ Mg-Zr-RE系　　MC8，MC9系合金である。Mg-Zr系にZnと希土類元素（RE）を添加して高温強度の低下を少なくしたものがMC8で，Znを含まないものがMC9である。REはMgとの金属間化合物をつくり，耐熱性を向上させる。

　この系の合金は，高強度と200〜260℃までの耐クリープ性を要求される用途に使用される。耐熱鋳物として，エンジン部品，ギヤケース，ハウジングなどに用いられる。

⑤ Mg-Zn-Zr-RE系　　MC10系合金である。Mg-Zn-Zr系の合金の熱間割れ性を改善するためにREを添加したもので，強度は若干低い。ギヤケース，ハウジングなどに使用される。

(2) ダイカスト用マグネシウム合金

　ダイカスト合金は，JISには3種類6合金が規定されている。Mg-Al-Zn系，Mg-Al-Mn系およびMg-Zn-Zr系，Mg-Zn-Zr-RE系などがある。表4.10にMg-Al系の特性を示す。

2　展伸用マグネシウム合金

　Mg合金は一般に塑性加工性に劣るため，鋳造材に比べると展伸材の利用は少ない。展伸材として使用されているMg-Al-Zn系合金の特性を表4.11に示す。

表4.10 ダイカスト用マグネシウム合金の特性

JIS 種類	JIS 記号	Mg 以外の主要成分〔%〕	引張強さ〔MPa〕	耐力〔MPa〕	伸び〔%〕
1種	MD1A	Al：8.3〜9.7, Zn：0.35〜1.0	230	160	3
2種	MD2A	Al：5.5〜6.5, Zn：0.35〜1.0	220	130	8
3種	MD3A	Al：3.5〜5.0, Mn：0.2〜0.5, Si：0.5〜1.5	210	140	6

表4.11 展伸用マグネシウム合金の特性

材質	比重	引張強さ〔MPa〕	耐力〔MPa〕	伸び〔%〕
圧延板（AZ 31）	1.78	294	256	9
押出材（AZ 80）	1.80	343	235	7

4.2.2 自動車部品

(1) タイヤホイール

　自動車レースで採用されるホイールは，マグネシウムが主流である。マグネシウムの比重は1.74で，アルミニウムの比重2.70に比べ小さい。レースでの最重要課題である軽量化という点で，マグネシウムはアルミニウムより有利である。強度に関しても，マグネシウムの比強度は，アルミニウムの1.5倍である。しかし，加工の難しさ，腐食の問題のため一般車には用いられていない。タイヤホイールは，通常，鋼板製あるいはアルミニウム合金製である。

(2) ハンドル（ステアリングホイール）

　通常，車のハンドルはウレタンハンドルで，ウレタンの中には芯金というハンドルの骨格のようなものが入っている。以前はこれが鋼製であったが，現在ではアルミ製が主流である。この芯金の材料が，アルミニウム合金からマグネシウム合金に置き換わりつつある。

(3) オイルパン

　オイルパンはエンジン各部に供給される潤滑油の容器である。冷間圧延鋼板（SPCE）のプレス成型品が一般的に使用されているが，高耐熱性のMg合金製オイルパンの採用がある。通常のMg合金のダイカストグレードであるMg−9％Al−1％ZnのAZ91（表4.9に示したJIS，MC2相当）の耐熱性が約120℃であるのに対して，耐熱性が約150℃の新たに開発された合金を採用している。Al

合金（ADC10 や ADC12）をダイカスト法で成型した鋳造品に比べて，比重が約 60％と軽いので，軽量化に効果を上げている．

(4) シートフレーム

マグネシウム製シートフレームの採用例では，鋼製に比べ 30％程度の軽量化となっている．板金の集合体であるシートフレームをアルミ製では難しい薄肉ダイカスト品で置換している．

4.3 チタン

軽くて，強くて，錆びないといわれるチタンとその合金は，航空，宇宙，海洋，軍事などの分野では不可欠の材料として多用されている．自動車の分野では，レース車両に使用されてきた．しかし，鉄のような大量生産は容易でなく，異種金属材料との接合が困難であり，加工性の悪いこと，さらにチタン自体の価格が高いことが，チタン系材料の適用範囲を限定している．

4.3.1　チタンとその合金

チタン（titaniumu，Ti）は，比重 4.51 で銀灰色の金属である．Ti の比重は Fe の約 60％と軽量である．Ti は Al や Mg に比べ重いが，融点は 1 668℃，弾性率は約 116 GPa で，Al や Mg に比べ高い．

Ti は非常に活性すなわち酸化しやすい金属で，鉱石として存在している Ti は酸素と強固に結びついているため，Ti 自体を得ることが困難である．Mg を用いた還元法（クロール法）が確立されたことで，工業的な生産が可能となったが，鉄鋼のような大量生産は難しい．

チタンは，表面に強固な不働態膜である酸化チタン（TiO_2）が形成されるので，ほとんどの環境で使用可能であり，白金とほぼ同等の強い耐食性を有する．室温では hcp 構造の α 相，変態点の 885℃ 以上の温度では bcc 構造の β 相を示す．

純チタンの場合，主としてその優れた耐食性を生かした分野の用途が多い．海水などで腐食することがないので，船舶部品などへの適用，海岸付近の建築構造

物の屋根材への適用などである。

Ti 合金（titaniumu alloy）は，比強度（強度／比重）がきわめて高いことが特徴である。図 4.6 に示すように，常温から 500℃ までの温度においてチタン合金の比強度は，ほかの金属材料に比べ優れている。

Ti 合金は，元素の成分と割合により結晶構造が異なり，結晶構造から大きく α 型，$(\alpha+\beta)$ 型，β 型の 3 種類に分けられる。表 4.12 にチタン合金の特性を示す。JIS では，チタンおよび Ti 合金の種類として，純チタンを 1 番台，耐食 Ti 合金を 10 ～ 40 番台，高強度のうち，α 型チタン合金を 50 番台，$(\alpha+\beta)$ 型チタン合金を 60 ～ 70 番台，β 形 Ti 合金を 80 番台およびそれ以上に分類されている。

① α 型合金　代表的な材料に Ti-5% Al-2.5% Sn 系，Ti-8% Al-1% Mo-1% V 系合金がある。冷間加工あるいは冷間加工と焼なまし，もしくは固溶強化で強度を上げている。室温強度は 800 ～ 1 000 MPa とそれほど高くないが，ほかの Ti 合金に比較して高温強度が高い。

② $(\alpha+\beta)$ 型合金　代表的な合金に Ti-6% Al-4% V 系があり，Ti 合金のほとんどを占めている。熱処理によって強度が上がる。引張強さは 1 200 MPa

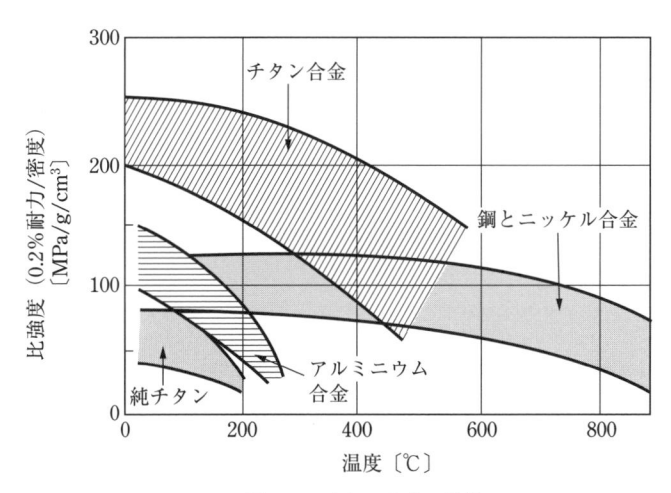

図 4.6　チタン合金の特性

表4.12 純チタンとチタン合金の特性

	組　成	熱処理	引張強さ〔MPa〕	耐力〔MPa〕	伸び〔%〕
純チタン(α)	JIS 1種	A	270～410	≧165	≧27
	JIS 2種	A	340～510	≧215	≧23
	JIS 3種	A	480～620	≧345	≧18
	JIS 4種	A	550～750	≧485	≧15
α合金	Ti－5Al－2.5Sn	A	862	804	16
	Ti－8Al－1Mo－1V	A	1 000	951	15
$\alpha+\beta$合金	Ti－3Al－2.5V	A	686	588	20
	Ti－6Al－4V	A	980	921	14
		STA	1 170	1 100	10
	Ti－6Al－6V－2Sn	A	1 060	990	14
		STA	1 270	1 170	10
β合金	Ti－13V－11Cr－3Al	STA	1 220	1 170	8
	Ti－15V－3Cr－3Al－3Sn	STA	1 230	1 110	10

A：焼なまし，STA：溶体化時効

程度，比強度は軟鋼の4倍である。溶接性や低温特性にも優れ，バランスの良い合金であるが，冷間加工性が悪い。この合金は，アメリカにおいて宇宙・航空機部用部材として大量に使用されてきたが，自動車エンジンのコネクティングロッド，ゴルフ・クラブなどのレジャー用品にも使用されている。

③　β型合金　　Ti－3％Al－11％Cr－13％V系合金が代表である。この合金は，溶体化処理した状態では冷間加工が容易で，その後，約480℃の時効によって1 250 MPa程度の強度が得られ，溶接性にも優れる。

4.3.2　自動車部品

(1) バルブ

バルブの材料は耐熱鋼が主流であるが，吸・排気バルブにチタン合金やチタン基複合材料の採用例がある。このチタン基複合材は，Ti－6％Al－4％Zr－4％Sn－1％Mo－1％Nb－0.2％Si組成の超耐熱α型チタン合金マトリックス中にTiB粒子を分散させた材料である。

表4.13 マフラの材料

	チタン	ステンレス鋼 (SUS 410)	めっき鋼板	インコネル (耐熱合金)
溶融点〔℃〕	1 668	1 370 ～ 1 400	1 530	1 301 ～ 1 368
比　重	4.51	7.98	7.86	8.11

(2) マフラ

マフラは，エンジンの排ガス放出時の騒音を吸収，低減させる働きをする。通常は鋼板または鋼管を成形加工し，アーク溶接やスポット溶接で組み立てる。マフラの材料は，腐食環境に対する耐食性を必要とする。代表的な材料を表4.13に示したが，通常使用される材料は，亜鉛めっき鋼板，アルミニウムめっき鋼板，ステンレス鋼板である。

めっき鋼板は，冷間圧延鋼板（SPCC）に亜鉛あるいはアルミニウム層が防錆のため被覆されている。錆びやすいスチールに比べ格段の防錆性能を示すのがステンレス鋼（SUS）である。一方，インコネルは，F1のレーシングカーなどごく限られた用途に使用される。チタンは高価な材料であるが，耐食性に優れ，ほかの素材より圧倒的に軽い。

(3) コネクティングロッド

コネクティングロッド（コンロッド）は，ピストンとクランクシャフトを連結して，往復運動を回転運動に変える。爆発的圧力による圧縮，曲げ，慣性による引張りを受けるので，強度が高く，軽量であることが要求される。

Ti－3％ Al－2.5％ V（チタン，アルミニウム，バナジウム）の（$\alpha+\beta$）合金の採用例では，鋼製に比べて約30％軽くなっている。

4.4 銅

銅は自動車ではアルミニウムに次いで使用量が多い。銅系材料は人類が古くから使用した金属である。つまり銅鉱石の主成分は硫化銅（Cu_2S）であり，空気中で加熱（酸化）すると銅が取り出せる。精錬の容易さから，銅は人類最初の実用金属になったといえる。

4.4.1　銅とその合金

銅（copper, Cu）は，比重 8.96，融点は 1 083℃，弾性率は約 110 GPa の赤色の金属である。熱と電気の伝導性が銀に次いで大きいことや優れた展延性を示すことが特徴である。そのため，電線，板，パイプ用材などに使われている。

銅合金の主なものに**黄銅**（brass）と**青銅**（bronze）がある。

(1)　黄銅

① 黄銅　　黄銅は，真鍮（真ちゅう）とも称される。銅と亜鉛（Zn）の合金で，Zn は 30 ～ 40％添加されている。図 4.7 に Cu－Zn 合金の特性を示す。強さが必要な場合は 40％ Zn の 60/40 黄銅を用いる。

70/30 黄銅（Cu－30％ Zn）および 65/35 黄銅は冷間加工性に優れ，ラジエータなどに使われている。黄銅のチューブに銅のフィンをはんだ付けした銅ラジエータが主流であったが，現在ではアルミ製ラジエータが普及している。

② 特殊黄銅　　特殊黄銅は，黄銅に Mn, Sn, Fe, Al, Ni, Pb などを加えて，機械的性質や被削性を改良したものである。

快削黄銅は，鉛入黄銅とも称され，Pb を 0.5 ～ 3％入れたものである。鉛フリー化のため，ビスマス（Bi）やセレン（Se）などを添加した合金がある。

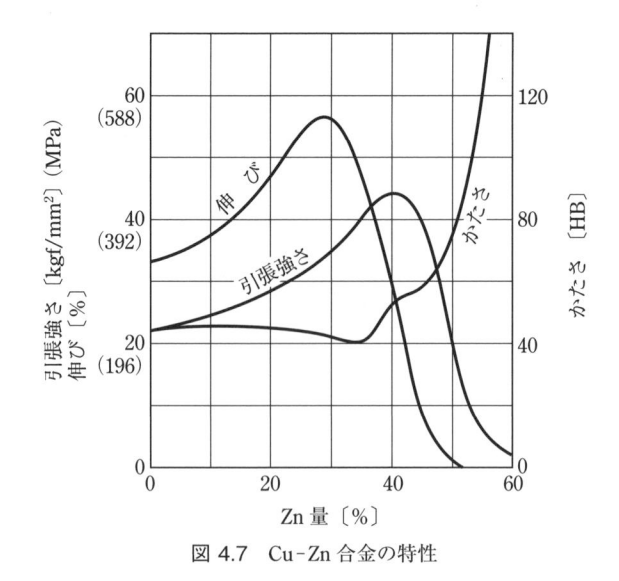

図 4.7　Cu-Zn 合金の特性

ネーバル黄銅は，すず入黄銅とも称され，耐食性を改善するため1%程度Snを加えたものである。

高力黄銅は，Al，Mn，Feなどを加え，黄銅の強さを増したものである。

(2) 青銅

青銅は銅とすずの合金である。実用にはZn，P，Pbなどを加えて使用している。

① 砲金　Cuと10% Sn，2% Znの銅合金である。過去に大砲の材料として用いられた。

② りん青銅　青銅に0.03～0.5% Pを加えたものである。

③ 鉛青銅（軸受用青銅）　軸受用の鉛青銅鋳物は，6～11% Snを含む青銅に，やわらかいPbを4～22%添加したものである。Pbは軸とのなじみを良くし，青銅は荷重を支える役目をする。高速回転では，青銅が軸を傷つけやすいため，銅と鉛の軸受合金（ケルメット，4.6節参照）が登場した。

(3) アルミニウム青銅

アルミニウム青銅はCuと8～12% Alの合金である。CuとAlの合金であるが，青銅の代用の意味で青銅という名が付いている。CuにAlのほかにMn，Niなどを加えたものを特殊Al青銅という。

(4) 白銅

白銅は銅とニッケルの合金である。白銅に少量のSiを添加したものがコルソン合金（C合金）である。Znを添加したCu－(5～35)% Ni－(15～35)% Znの合金を洋白（洋銀）というが，洋白はNi添加の黄銅ともいえる。

4.4.2　ワイヤハーネス

自動車の電気回路には，照明，信号，制御，警告，充電，計器，窓拭きの基本に加え，排気公害対策，各種エレクトロニクス化，安全対策，走行機能に関するものなどがある。このような多種類の配線を自動車の組立工程で容易に組付けができるような形にしたものを**ワイヤハーネス**（wiring harness）という。

ワイヤハーネスの電線は，自動車低圧電線（JIS C 3406）が主体で，軟銅（annealed copper）が用いられている。自動車の高性能化に伴い配線回路は増

加し，400回路にも及び，電線が総延長にして2kmを超えるものもある。

4.5 亜鉛，鉛，すず

　亜鉛，鉛，すずなどは融点が低く，やわらかい金属である。**軟質金属**とは，亜鉛，鉛，すず，アンチモン，ビスマスなどの金属の総称である。

（1）亜鉛

　亜鉛（zinc，Zn）は青味をおびた白色の金属で，稠密六方格子，比重は7.14である。ZnにAl，Cuなどを少量加えてダイカスト用亜鉛合金として使用されている。またCuと合金して黄銅をつくるのに用いられるが，亜鉛生産量の多くは鉄板，鉄管，鉄線のめっきに使われている。

　電気めっきは，電解溶液中で被めっき物を陰極として通電し，表面にめっき金属を析出させる方法である。電気亜鉛めっきでは，図4.8に示すように，陽極の亜鉛が電子を放出してイオンとして溶解し，陰極では亜鉛が電子を受け取り金属として析出する。

　溶融めっきは，浸せきめっきとも称され，溶かした金属中に被めっき物を入れて，表面に金属を付着させる方法である。溶融亜鉛めっきでは，440～470℃に保った溶融Zn中に鋼板，鋼線あるいは鋳鉄を浸し，ZnのFeへの拡散を利用し

陽極反応　$Zn \rightarrow Zn^{2+} + 2e^-$
陰極反応　$Zn^{2+} + 2e^- \rightarrow Zn$

図4.8　電気亜鉛めっき

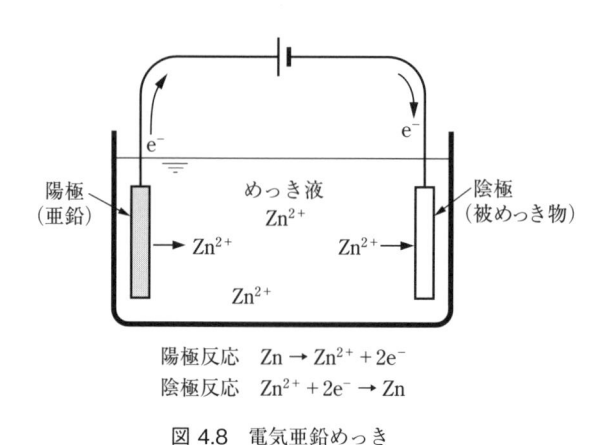

て防食めっきする。

(2) 鉛

鉛（lead, Pb）は展性が大きく重い金属（比重11.3）である。大気中ではほとんど腐食されない。硫酸や塩酸に強いため化学工業に多く用いられている。有毒な金属のため使用削減の方向にあるが、鉛バッテリの電極、各種放射線の防護用として重要な材料である。

図4.9に鉛バッテリ（鉛蓄電池）の構造と構成材料を示す。陽極は二酸化鉛（過酸化鉛，PbO_2），陰極は海綿状鉛（Pb）である。電解液に希硫酸を使用し，

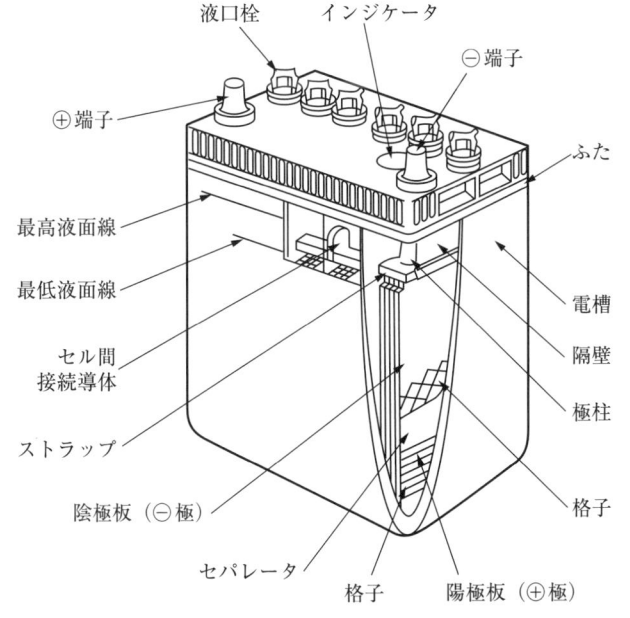

名　称	材　料
陽極	二酸化鉛
陰極	鉛
格子	鉛・アンチモン合金または鉛・カルシウム合金
セパレータ	ポリエステル樹脂
電解液	希硫酸
ケース，ふた	PP（合成樹脂）

図4.9　鉛バッテリの構造と材料

次のような充放電反応を起こす。

$$PbO_2 + 2H_2SO_4 + Pb \underset{充電}{\overset{放電}{\rightleftarrows}} PbSO_4 + 2H_2O + PbSO_4$$

陽極　　電解液　　陰極　　　　　　陽極　　　　　　　陰極
(+)　　　　　　　(−)　　　　　　　(+)　　　　　　　(−)

$$\left(\begin{array}{l}陽極反応：PbO_2 + H_2SO_4 + 2H^+ + 2e^- \underset{充電}{\overset{放電}{\rightleftarrows}} PbSO_4 + 2H_2O \\ 陰極反応：Pb + H_2SO_4 \underset{充電}{\overset{放電}{\rightleftarrows}} PbSO_4 + 2H^+ + 2e^-\end{array}\right)$$

バッテリにおいて充放電を繰り返すと，電極板に硫酸鉛（$PbSO_4$）が生成される。この現象はサルフェーション（硫酸鉛の結晶化）と称され，バッテリの容量低下をもたらす。電解液の硫酸は消費されるので，電解液の比重は低下する。

(3) すず

すず（tin, Sn）は展延性や耐食性に優れているので，めっきのほか，はんだ，エンジン用軸受，青銅などの合金元素として使われる。

(4) はんだ・ろう付け合金

はんだ（solder）は，すず（Sn）と鉛（Pb）の合金で，軟ろうと呼ばれるろう付け合金である。**ろう付け**（brazing）とは，母材を溶融させないで，ろう付け合金を溶融させて結合する方法をいう。ろう付け合金は，融点が450℃以上の硬ろうとそれ以下の軟ろうに分けられる。

図4.10にSn−Pb状態図を示す。2−95％ Snのものがはんだに利用されている。62％ Sn−38％ Pb合金は，**共晶はんだ**と称され，融点は183℃と低い。

鉛フリーはんだと称されているのは，鉛を使用しないはんだを意味し，鉛の代わりにCu，Ag，Biなどが使用される。自動車では信頼性の観点からSn−Ag系はんだが主流となっている。

ろう付け合金の硬ろうには，真ちゅうろう（黄銅ろう）や銀ろうなどがある。真ちゅうろうはCu−(33〜68)％ Zn合金であり，銀ろうはAg−Cu合金にZnなどを添加して溶融温度を調節した合金である。

(5) ヒューズ・可溶合金

ヒューズは可溶合金である。**可溶合金**とは，Sn，Pb，Bi，Cdなど低融点金属の合金で，可融合金，低融点合金（易融合金）とも称される。

鉛をはじめとして，Sn，Bi，Cdなどの低融点金属間の共晶を利用してつくっ

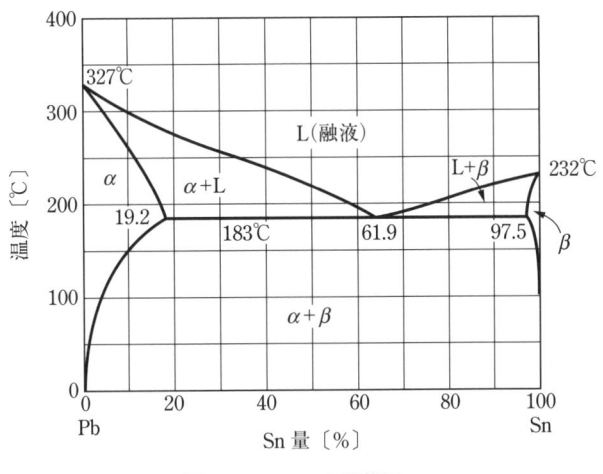

図 4.10 Sn-Pb 状態図

た合金（ヒューズ）は，これらの成分元素の融点よりさらに低い温度で溶ける特性をもっている。

50％ Bi－24％ Pb－14％ Sn－12％ Cd の**ウッドメタル**（Wood's metal）と称される合金は，電気用ヒューズとして広く使用され，融点は約70℃である。

ヒューズは，その定格電流以上の電流が流れたとき溶断して機器回路を保護するものである。自動車用ヒューズには，オーディオやランプなどの回路を保護する速断型ヒューズと，バッテリやモータなどの回路を保護する遅断型ヒューズがある。

4.6 軸受合金

メタル（メタル軸受）と称されている滑り軸受が，エンジンのクランクシャフトまわりに使われている。クランクシャフトベアリング（ジャーナルベアリング），コンロッドベアリング（図 4.11）などと，使用個所の名が付けられている。

エンジンの高出力化に伴い，エンジン軸受面圧は増大し，軸受温度も上昇している。また，車両走行距離も伸び，軸受の耐久性（寿命）に対する要求も厳しく

なっている。そのため軸受合金には，①なじみ性，②埋没性，③耐焼付性，④耐疲労性，⑤耐食性，⑥耐摩耗性などが求められる。

従来使用されている軸受として，鉛合金オーバレイ付き銅－鉛合金軸受やアルミニウム合金軸受がある。

オーバレイ（overlay）とは，鋼の台金（裏金）に薄く盛られた軸受合金の表面に，初期なじみを良くするために施されためっき層を意味する。軸受が裏金と軸受合金そしてオーバレイの3層から構成される意味で，オーバレイ付き軸受は**トリメタル**とも称される。図4.12にはトリメタルの構成を示した。

(1) ケルメット（銅合金）

ケルメット（kelmet）とは，銅－鉛合金軸受材料で表4.14に示すように，銅に鉛を25〜40％分散させた合金である。熱伝導性が良く，耐焼付きと耐荷重性が高く，優れた軸受特性を有する。通常仕上げ面にPb-Sn合金をめっきしてオーバレイを付けることで，軸受表面が軟質になってなじみ性が向上する。

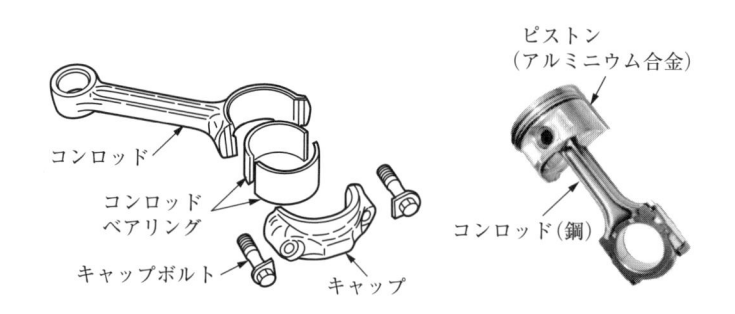

図4.11 コンロッドとメタル軸受

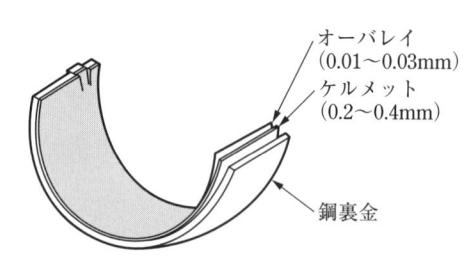

図4.12 トリメタルの構造

表 4.14　軸受用銅−鉛合金

JIS		成　分〔%〕						備　考
種類	記号	Pb	Niまたは Ag	Fe	Sn	その他	Cu	
1種	KJ1	38〜42	<2.0	<0.08	<1.0	<1.0	残	高速, 高荷重用。高負荷ほどPb含有の低いものを用いる
2種	KJ2	33〜37	<2.0	<0.80	<1.0	<1.0	残	
3種	KJ3	28〜32	<2.0	<0.80	<1.0	<1.0	残	
4種	KJ4	23〜27	<2.0	<0.80	<1.0	<1.0	残	

(2)　アルミニウム合金

アルミメタルと称されるアルミニウム合金軸受が使用されている。その材料は, Al に Sn を 6〜13% 含んだ合金で, マトリックスの強度を上げるため銅を固溶させている。表 4.15 には, 軸受用アルミニウム合金を示した。

自動車では, 耐焼付性や耐摩耗性に優れる Al−Sn−Si 系合金が主流である。軟質相のすず（Sn）がなじみ性, 硬質粒子のシリコン（Si）が耐摩耗性の役割を果たしている。鋼裏金の上に圧接されたアルミニウム合金軸受は, バイメタルタイプとも称され, 通常オーバレイなしで使用される。

(3)　ホワイトメタル

ホワイトメタル（white metal）は, 軸受合金として広く用いられているが, 自動車エンジン用軸受としては耐熱性と疲労強度が不足するため使用されなくなった。

表 4.15　軸受用アルミニウム合金

種　類	成　分〔%〕								備　考
	Sn	Cu	Si	Pb	Cd	Mn	Zn	Al	
Al−Sn系	20	1	−	−	−	−	−	残	中荷重用で通常オーバレイなしで使用される
Al−Sn−Si系	12	1	3	2	−	−	−	残	
Al−Pb系	−	−	−	8	−	−	−	残	
Al−Si系	−	1	11	−	−	−	−	残	高荷重用でオーバレイを付けて使用される
Al−Cd系	−	1	−	−	3	1	−	残	
Al−Zn系	−	−	−	−	−	−	5	残	
Al−Zn−Si系	−	1.2	6	1	−	−	4	残	

表 4.16 ホワイトメタル

JIS		化学成分〔%〕					備考
種類	記号	Sn	Sb	Cu	Pb	その他	
1種	WJ1	残部	5.0～7.0	3.0～5.0	—	—	高速高荷重用
2種	WJ2	残部	8.0～10.0	5.0～6.0	—	—	
2B種	WJ2B	残部	7.5～9.5	7.5～8.5	—	—	
3種	WJ3	残部	11.0～12.0	4.0～5.0	3.0以下	—	高速中荷重用
4種	WJ4	残部	11.0～13.0	3.5～5.0	13.0～15.0	—	中速中荷重用
5種	WJ5	残部	—	2.0～3.0	—	Zn28.0～29.0	
6種	WJ6	44.0～46.0	11.0～13.0	1.0～3.0	残部	—	高速小荷重用
7種	WJ7	11.0～13.0	13.0～15.0	1.0以下	残部	—	中速中荷重用
8種	WJ8	6.0～8.0	16.0～18.0	1.0以下	残部	—	
9種	WJ9	5.0～7.0	9.0～11.0	—	残部	—	中速小荷重用
10種	WJ10	0.8～1.2	14.0～15.5	0.1～0.5	残部	As0.75～1.25	

表中の W はホワイトメタル（White metal）の W，J は軸受（Jikuuke）の J を意味している．

ホワイトメタルには，表 4.16 に示すように，Sn 系と Pb 系がある．Sn 系は耐疲労，耐焼付性に優れ，高速高荷重，高速中荷重に適している．Pb 系は Sn 系に比べ耐疲労性や耐食性に劣るが，安価なため Sn 系に代わり高速小荷重用に使用される．ホワイトメタルの 1 種と 2 種は**バビットメタル**（Babbitt metal）とも称される．

4.7 白金

白金（プラチナ，platinum，Pt）は，化学的に安定で，しかも高温での耐酸化性に優れている．白金の自動車排ガス処理用触媒への使用量は装飾品に次ぐ用途となっている．白金系金属は 6 種類あり，白金（Pt），パラジウム（Pd），ロジウム（Rh），ルテニウム（Ru），イリジウム（Ir），オスミウム（Os）である．

(1) 触媒作用

触媒とは，化学反応の最終生成物に現れることなく，その反応速度を速める物

質である。つまり触媒作用とは化学反応を高めることである。

自動車排ガス処理用触媒には，①振動，熱衝撃に強い，②低い排ガス温度での活性が良い，③高温長時間にさらされていても活性劣化が少ない，④鉛などの微量触媒毒成分に対する耐久性に優れる，⑤3つの主要有害成分（CO，HC，NO_x）が効率よく除去される，などが求められる。これらを考慮して，白金などを単独または組み合わせ（白金—ロジウム，白金—パラジウム），多孔質であるアルミナ（Al_2O_3）表面に付けた触媒が利用されている。

排ガスはアルミナの隙間を通過するとき，白金表面で触媒反応が起こるので浄化される。**三元触媒**の三元とは，一酸化炭素（CO），炭化水素（HC），窒素酸化物（NO_x）の3成分を同時に除去する意味である。そのためには，図 4.13 に示すように，空燃比は理論空燃比近傍（ウインドウ）に設定する必要がある。3成分は二酸化炭素，水，窒素に変換されるが，白金自身は変化しない。

(2) スパークプラグ

スパークプラグは，エンジン内での混合気の爆発時に 2 000 ～ 3 000℃，40 気圧という高温高圧になり，次の瞬間には新しい混合気によって常温大気圧になるという変化が繰り返される過酷な環境に置かれている。スパークプラグの絶縁体

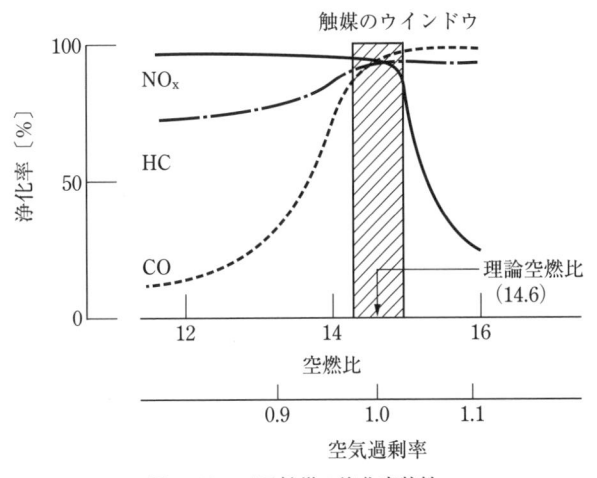

図 4.13 三元触媒の浄化率特性

はアルミナ・セラミックスである。

白金系金属は，図4.14に示すように，スパークプラグ先端部分の中心電極と接地電極の放電電気材料として使われ，Pt-Ir合金，Pt-Ni合金，Pt-Pd-Ru合金などが用いられている。

表4.17には，電極材料の特性を示した。電極材質として，火花消耗の少ない材料はその融点にほぼ比例する。Ir（イリジウム）は，白金より融点が高く，W（タングステン）より耐酸化性が優れている。

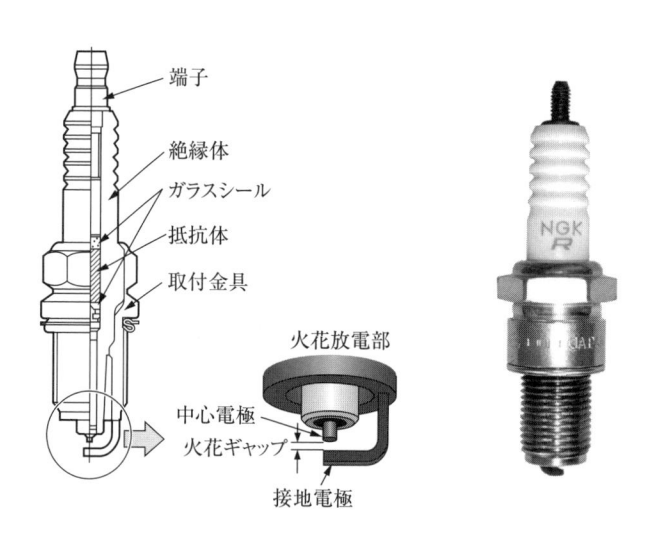

図4.14 スパークプラグの構造

表4.17 電極材料の特性

	融点〔℃〕	酸化開始温度〔℃〕	硬度〔HV〕	線膨張係数〔10^{-5}/℃〕
タングステン（W）	3 380	730	400	4.5
イリジウム（Ir）	2 450	1 030	400	6.4
ルテニウム（Ru）	2 250	880	240	6.8
白金（Pt）	1 770		100	8.8
〈参考〉インコネル	1 400	800	150	16.1

4.8 ニッケル

ニッケル（nickel，Ni）は白色の金属で，延性が大きく，耐酸化性が強い。ステンレス鋼や耐熱鋼の重要な合金元素である。

Ni 量が 50% を超える耐熱材料を Ni 基合金（Ni 基超合金）という。その代表的材料が Ni-Cr-Fe 系の**インコネル**（商標）である。表 4.18 にニッケル基耐熱合金の例を示す。なお，Fe がベースとなる場合は Fe 基合金という。Fe-Ni-Cr 系の Fe 基合金がインコロイである。

電熱線に使われる電熱材料に**ニクロム**（nichrome）がある。ニクロムは，Ni と Cr の合金の総称で，その代表的な組成は 60〜90% Ni，30〜10% Cr，0〜25% Fe である。また，ニッケル合金として，熱電対用材料として用いられているクロメル（chromel，89% Ni）とアルメル（alumeru，94% Ni）がある。**熱電対**（thermocouple）とは，熱起電力を生じる金属の組合せのことで，温度を測定するのに用いられる。

表 4.18 ニッケル基耐熱合金

合金系	合金名	主要成分〔%〕					その他
		Ni	Cr	Mo	Cu	Fe	
Ni-Cu	モネルメタル	67	—	—	30	1.5	—
Ni-Cr-Fe	インコネル 600	75	16	—	<0.25	8	—
	インコネル 625	61	22	9	—	2.5	—
	インコネル 713C	残部	12.5	4.2	—	—	Al 6.1 など
Ni-Mo-Cr-W	ハステロイ C	56	16	17	<0.15	6	W 4.5
〈参考〉Fe-Ni-Cr	インコロイ 800	33	21	—	—	残部	Al 0.3 など

第5章

非金属・有機材料

　有機材料は一般に高分子材料といわれる。石油化学の発展とともにプラスチック，合成ゴム，合成繊維などが開発され，自動車にとっても重要な材料となっている。

　原子が結合して分子となるが，非常に多くの原子が連なっている分子を**高分子**という。ペットボトルなどのプラスチック，タイヤのゴム，そしてポリエステルやナイロンのような繊維をはじめ，塗料，接着剤，紙なども高分子である。高分子材料はC，H，O，Nを主成分とし，分子量は1万以上のもので，一般に数百万までのものが多い。

　馴染みのあるPETは，石油からつくられるテレフタル酸とエチレングリコールを原料にして，高温，高真空下で化学反応させてつくられる樹脂（プラスチック）である。この樹脂を溶かして高圧の空気でふくらませるとペットボトル，糸にすると繊維，そしてフィルムにしたものがビデオテープである。このように，プラスチックをはじめとする高分子材料は，われわれの生活に不可欠なものになっている。

5.1 プラスチック

　プラスチックは，自動車において内外装部品やエンジンルーム内の機能部品をはじめとして，エレクトロニクスシステム，燃料システム，エアバックやシートベルトなどの安全システム，さらには駆動・シャシ系の一部にまで使用されている。プラスチックは軽い材料だが，車重の8%弱の重さを占めている。つまりプ

ラスチックなくしては自動車を製造し得ないといえる。

5.1.1 プラスチックの性質

プラスチックは，化学的に合成される高分子の有機化合物である。天然樹脂に対比して**合成樹脂**（synthetic resin）あるいは単に**樹脂**（resin）と呼ばれる。プラスチックは，ギリシャ語に由来する言葉で，一般には可塑性物質と訳される。可塑性とは，力を加えて変形させたとき，力を取り除いてもその形が変わらずに保たれている現象をいう。一般には，粘土や松脂のようなものが可塑性物質といえる。

プラスチックの種類はきわめて多いが，熱に対する反応の仕方で熱可塑性プラスチックと熱硬化性プラスチックに大別される。

1 熱可塑性プラスチックと熱硬化性プラスチック

（1） 熱可塑性プラスチック

熱可塑性プラスチック（thermoplasticity plastic）は，加熱により軟化し可塑性が増す。温度が下がると固化して変形しにくくなる。チョコレートやろうそくを考えるとイメージしやすい。一般に成形性は良いが，耐熱性に劣る。

（2） 熱硬化性プラスチック

熱硬化性プラスチック（thermohardening plastic）は，加熱するといったんは流動性の状態になるが，加熱中に化学反応が起こってその温度で固化する。冷却した後には，加熱前と異なる構造になるので再加熱しても軟化流動しない。ゆで卵のようなものだと考えるとイメージしやすい。耐熱性が良く，強度も大きい。

表5.1には，熱可塑性プラスチックと熱硬化性プラスチックの代表例を示した。自動車に使用されているプラスチックの主なものは，ポリプロピレン（PP），ポリ塩化ビニル（塩化ビニル樹脂，PVC），ポリウレタン（PUR），ABS樹脂，ポリエチレン（PE），フェノール樹脂（PF）である。

2 モノマーとポリマー

高分子（**ポリマー**，polymer）は，化学的には1種類またはそれ以上の**モノマー**（monomer，単量体）といわれる単位低分子が，高分子合成反応（重合）によって順次結び付けられたものである。図5.1にエチレンの分子構造を示す。

表 5.1　プラスチックの概要

(a) 熱可塑性プラスチック

樹脂名	記号	性質	自動車部品の使用例
ポリエチレン	PE	低圧法でつくられた硬質のものと，高圧法でつくられた軟質のものとがある。水より軽く，耐薬品性，電気絶縁性に優れている	パッケージ・トレイ，ウォッシャ・タンク，ブレーキ・リザーブ・タンク
ポリ塩化ビニル	PVC	燃えにくく，耐薬品性があり，耐候性，電気絶縁性に優れている	シート，ワイヤハーネス
ポリスチレン	PS	スチロール樹脂ともいわれる。無色透明で叩くと金属性の音が出る。電気絶縁性が良い。傷が付きやすく，シンナーに弱い	ルーフ・ヘッド・ライニング
メタクリル	PMMA	アクリル樹脂ともいわれる。無色透明で光沢があり，粘り強く加工が容易である。ベンジン，シンナーに溶ける	マーク類，フロント・リヤ・ランプ・レンズ
ポリアミド	PA	ナイロンともいわれる。白色透明で，耐摩耗性，耐衝撃性，耐熱性に優れている	スピード・メータ・ドリブン・ギヤ，ラジエータ・タンク，クーリング・ファン，ブレーキ・リザーブ・タンク
ポリカーボネート	PC	無色またはやや黄味をもった透明で酸に強いがアルカリに弱い。粘り強く耐熱性がある	レギュレータ・ハンドル
ポリプロピレン	PP	ポリエチレンに似ている。曲げに強く，耐熱性，耐溶剤性に優れている	ラジエータ・グリル，ホイール・キャップ，バンパ，バッテリ・ケース
ポリアセタール	POM	アセタール樹脂ともいわれる。白色透明で粘り強く，耐摩耗性，耐油性に優れている	アウト・サイド・ハンドル，ドア・ストライカ，レギュレータ・ハンドル
ABS 樹脂	ABS	アクリロニトリル・ブタジエン・スチレン樹脂ともいわれる。不透明品が多く，耐衝撃性に優れている。溶剤には溶けるが，酸やアルカリに強い	インストルメント・パネル，メータ・フード，ガーニッシュ，各種ランプ・ハウジング，ラジエータ・グリル，スイッチ・ノブ類

(b) 熱硬化性プラスチック

樹脂名	記号	性質	自動車部品の使用例
フェノール樹脂	PF	電気絶縁性，耐酸性，耐熱性，耐水性に優れ，強さも比較的良く，燃えにくい	キャブレータ・ヒート・インシュレータ
ユリア樹脂	UF	フェノール樹脂の性質に似ているが，耐水性はやや劣る	
メラミン樹脂	MF	ユリア樹脂に似ているが，耐水性が良い。陶器のような性質があり，表面がかたい	ボディの上塗り塗料
不飽和ポリエステル	UP	電気絶縁性，耐熱性，耐薬品性に優れている	
エポキシ樹脂	EP	耐薬品性に優れ，金属への接着性が大きい	ディストリビュータ・キャップ
ポリウレタン	PUR	耐溶剤性，耐熱性，耐薬品性に優れている	シート

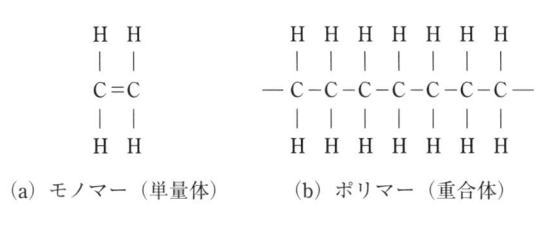

```
        H   H              H   H   H   H   H   H
        |   |              |   |   |   |   |   |
        C = C            — C — C — C — C — C — C —
        |   |              |   |   |   |   |   |
        H   H              H   H   H   H   H   H
```

(a) モノマー（単量体）　　　(b) ポリマー（重合体）

図 5.1　エチレンの重合

エチレンのような熱可塑性プラスチックは，モノマーが線状に重合した直鎖状高分子化合物である。一方，モノマーが網状に重合した網状高分子化合物が熱硬化性プラスチックである。

熱可塑性プラスチックは，熱を加えるとやわらかく加工しやすくなり，冷やすとかたくなる。一方，熱硬化性プラスチックは，加熱すると多少やわらかくなるが，加熱を続けると分子チェーンの間に分子の橋がかかって，三次元的な網目構造となり硬化する。この分子鎖間の橋渡しを**架橋**（crosslinking）という。架橋硬化すると，再び加熱しても流動状にならない。

熱可塑性プラスチックの成形性は熱硬化プラスチックより優れ，射出成形法や押出成形法で加工される。一方，熱硬化性プラスチックは，いろいろな方法で成形加工されるが，最も簡単な方法は圧縮成形である。

3　エンジニアリングプラスチック

熱可塑性プラスチックの用途別分類として汎用プラスチックとエンジニアリングプラスチックがある。汎用プラスチックには，ポリエチレン，ポリプロピレン，ポリ塩化ビニル，ポリスチレン，フェノール樹脂，ユリヤ樹脂などの一般グレード品が属する。

エンジニアリングプラスチックとは，機械，装置の構造体，機能部品用材料として金属に代わり使用できる高性能な熱可塑性プラスチックの総称で，エンプラと略称される。通常のプラスチックより強度や剛性が高く，耐熱性，耐摩耗性，耐薬品性など各種耐久性に優れている。材料の進歩と設計法，加工技術など利用技術の高度化により歯車，軸受，カム，リンク，締結部品に広く使われている。

比較的多く使用されているポリアセタール（POM），ポリアミド（PA），ポリ

フェニレンエーテル（PPE），ポリカーボネート（PC），熱可塑性ポリエステル（PBT，PET など）は5大汎用エンジニアリングプラスチックといわれている。エンプラの中で，特に耐熱性能が高いものをスーパエンプラ（スーパエンジニアリングプラスチック）と称され，ポリイミド，PPS（ポリフェニレンサルファイド）などがある。

4　プラスチックの特性

　プラスチックは，軽くて電気や熱を伝えにくく，酸やアルカリなどの化学成分に強い。錆びを生じない代わりに酸素と紫外線や熱の相乗作用によって劣化を起こし，性能の低下や破壊に至る。一般に，熱に弱く燃えやすい。また，ポリマーが粘弾性体であるため，弾性と粘性が共存し，振動や騒音の吸収作用がある反面，一定荷重の負荷で変形が進行するクリープ現象，一定の変形下で力が抜けていく応力緩和現象などがある。

　図5.2には，各種プラスチックの応力‐ひずみ図を示した。図中cに示すように金属に似た挙動を示すものや，ゴムのように伸びやすいものもある。縦弾性係数が大変小さいことに注意する必要がある。その値は，図中aに示す熱硬化性プラスチックでは10 GPa 程度であり，熱可塑性プラスチックでは4 GPa 程度である。

　プラスチックの長所をまとめると以下のようである。

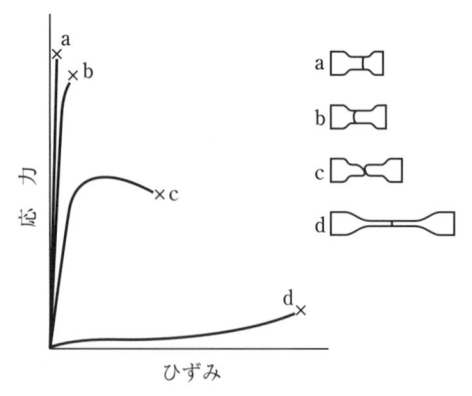

図5.2　プラスチックの応力‐ひずみ図と破壊の様相

① 比重が0.9～2.5と軽い。
② 加工，成形が容易で大量生産に向き，比較的安価である。
③ 塗装，金属めっき，印刷など表面処理加工，着色などが容易である。
④ 金属にない光沢や感触がある。
⑤ 耐食性，耐薬品性，絶縁性に優れる。
⑥ 防音，防振性が良い。

他方，下記のような短所がある。
① 強度，剛性は金属より一般に劣る。
② 耐火性，耐熱性，耐摩耗性，耐久性に劣る。
③ 耐候性が低い。つまり紫外線，酸素などにより割れや変色が生じる。
④ 耐荷重性，耐疲労性が低い。
⑤ 弱酸性，弱アルカリ性には強いが，有機溶剤には溶解や変形が生じる。
⑥ 低温ではもろくなり，高温では熱変形しやすい。

これらのプラスチックの弱点を克服する材料開発が活発に行われている。代表的なものが**ポリマーアロイ**と**繊維強化プラスチック**である。

ポリマーアロイとは，2種類以上の高分子（プラスチック）どうしを化学的に結合させるか，または物理的にブレンドして得られる高分子材料である。合金（アロイ）にならって，ポリマーアロイという。ポリマーアロイ（ABS／PC）製ドアなどの採用例がある。

繊維強化プラスチック（FRP：Fiber Reinforced Plastics）とは，軽量であるプラスチックをマトリックス（ベースとなる母材）とし，内部に強化繊維を含有させ強度を上げたもので，比強度が著しく高い材料である。マトリックスには，不飽和ポリエステル，エポキシ，ポリカーボネートなどが用いられ，強化繊維には，ガラス繊維を中心とし，炭素繊維やアラミド繊維（ケブラー）が使用されている（7.2節参照）。

一般にFRPという場合は，母材は熱硬化性プラスチックを使用しており，**熱可塑性**のものを使用する場合はFRTP（Fiber Reinforced Thermo Plastics）と呼ばれる。

5.1.2 自動車の樹脂部品

自動車部品にプラスチック（樹脂）が多く使われる理由としては，金属に比べて軽い，錆ない，構成部品の一体化などでコストが低減できる，デザインの自由度が大きいなどが挙げられる。しかし，樹脂にはこのような優れた特性がある反面，金属ではあまり考慮しなくてもよかった環境条件（熱，光，水分，薬品，オゾンなど）により物性が変化しやすいため，その使用には注意が必要となる。また，リサイクルの観点から熱可塑性プラスチックが基本となる。

(1) ボディパネル

ボディ外板に，鋼板に比べて成形性が優れた樹脂の採用例がある。不飽和ポリエステルをガラス繊維強化したSMC（シート・モールディング・コンパウンド），ガラス繊維強化ポリウレアRIM（反応射出成形）品，PA／PPE（ポリアミド／ポリフェニレンエーテル）アロイ，PBT（ポリブチレンテレフタレート）などが使用されている。

樹脂製外板は鋼板製に比べて剛性が低いので，ボディに必要な剛性は内板と構造部位で構成された構造体で受けもち，外板を強度部材としない。

(2) 燃料タンク

高密度ポリエチレン製燃料タンクがある。PEには高密度PEと低密度PEがあり，低密度PEが軟質（例えばポリ袋）であるのに対し，高密度PEは硬質（例えばポリバケツ）である。鋼板のプレス成形品から形状自由度の高い樹脂のブロー成形を採用し，軽量化している。

(3) 吸気マニホールド

ポリアミド（ナイロン）製吸気マニホールドがある（図5.3）。ポリアミドにガラスフィラを30〜35％添加したものが主流である。なお，排気マニホールドは高温にさらされるためプラスチックは採用されていない。

(4) バンパ

バンパの材料はポリプロピレンにゴムを添加したものである。国産車のほとんどのバンパに使用されている。

図 5.3　樹脂製吸気マニホールド

5.2 ゴム

　力を除くと，変形が元に戻る性質を弾性というが，ゴムは弾性物質の代表といえる。自動車のタイヤにとってゴムは必須の材料である。ゴムがもっている弾性，振動吸収性，柔軟性，密着性などの特性が，タイヤのほかマウントやブッシュ類，ホース類，シール類，パッキン類などに活用されている。

　ゴムの種類は多いが，ゴムの木から採取した天然ゴム（natural rubber）と天然ゴムに似た組織をもつ合成ゴム（synthetic rubber）に大別される。

5.2.1　天然ゴムと合成ゴム

1　天然ゴム（NR）

　ゴムの木の幹に傷を付けると，白色乳液のゴム液が採取される。ゴム液に酢酸あるいはぎ酸を添加すると凝固が生じ，無色透明の生ゴム（天然ゴムの素材）ができる。生ゴムは弾性体でないが，これに S（硫黄）を添加して加熱すると優れた弾性体となる。また，カーボンブラック（炭素の微粒子）を添加するとゴムの強度は増加する。

　硫黄（S）を加えて 100 〜 150℃ で加熱する処理を**加硫**といい，加硫の程度によりゴムの伸びは異なる。軟質ゴムは，S の添加量が 15% 以下のもの（通常 6

％)で，柔軟で弾力に富む。一方，Sを25～30％以上添加して長時間加熱したものが**エボナイト**（ebonite）と称される硬質ゴムで，黒色で硬度が高い。加硫ゴムは経年変化によりひび割れ（これを老化という）を生じる欠点がある。

天然ゴムは，強く，耐疲労性，大変形に対する耐久性に優れ，タイヤの原料ゴムなどに使用されている。天然ゴムの構造はポリイソプレンで，イソプレン（C_5H_8）の分子が平均4 000個連なった高分子である。イソプレンゴム（IR）は，天然ゴムの構造と同じで，天然ゴム代替として開発された合成ゴムで，合成天然ゴムとも称される。

2　合成ゴム

合成ゴムは人工ゴム，人造ゴムとも称せられる。図5.4に示すように，イソプレンに似たブタジエンやクロロプレンを合成してつくられる。いろいろな合成ゴムが，天然ゴムの代替として開発された。

表5.2にゴムの特性を示したが，合成ゴムは，一般的に弾性や引張強さは天然ゴムに比べ劣るが，耐摩耗性や耐熱性などに優れている。

①　スチレン・ブタジエン・ゴム（SBR）　　SBR（スチレンブタジエン共重合ゴム）は一般用合成ゴムの代表である。天然ゴム（NR）と類似な性質で，同様の用途に利用できる。自動車材料としてはブタジエン・ゴム（BR）とブレンドしてタイヤに用いられる。また，BRとともにプラスチックとのブレンド材としても使用される。

②　ブタジエン・ゴム（BR）　　BRはSBRに次ぐ生産量で，耐摩耗性，低発熱性に優れる。天然ゴムやSBRとブレンドしてタイヤなどに使用される。

③　ブチル・ゴム（IIR）　　イソブチレンとイソプレンを共重合させたもので，

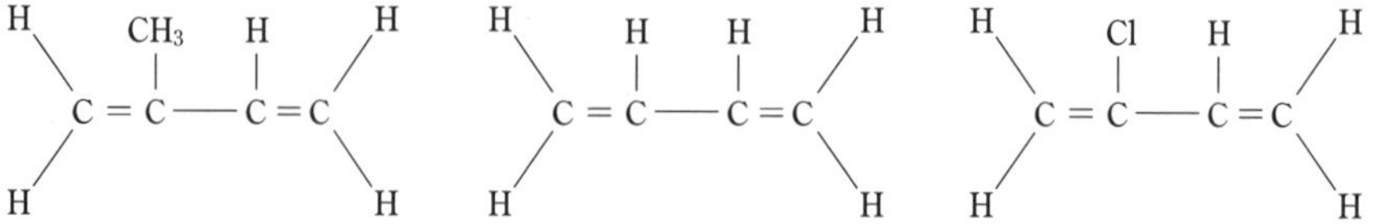

図5.4　ゴムの基本分子構造

表 5.2 ゴムの特性

ゴムの種類	記号	材料名称	かたさ [HS]	引張強さ [MPa]	伸び [%]	耐熱性 [℃]	耐寒性 [℃]	引裂き	圧縮永久ひずみ	反発弾性	耐摩耗性	耐オゾン性	耐ガス透過性	耐ガソリン・軽油性	耐鉱油性	耐ブレーキ液性	耐LLC性
加硫ゴム	NR	天然ゴム	30～100	～34	100～1 000	70～80	-50～-70	◎	◎	◎	◎	×	○	×	×	○	○
	IR	合成天然ゴム	30～100	～25	100～1 000	70～80	-50～-70	◎	◎	◎	◎	×	○	×	×	○	○
	IIR	ブチルゴム	30～90	～15	100～800	80～120	-30～-55	○	△	×	○	○	◎	×	×	○	△
	BR	ブタジエンゴム	30～100	～25	100～800	70～100	-40～-80	○	◎	◎	◎	×	○	×	×	○	◎
	SBR	スチレンブタジエンゴム	30～100	～29	100～800	70～100	-30～-60	△	◎	◎	◎	×	○	×	×	○	○
	CR	クロロプレンゴム	30～90	～29	100～1 000	80～120	-35～-55	◎	○	◎	◎	○	○	△	△	○	◎
	NBR	ニトリルゴム	30～100	～25	100～800	80～120	-10～-45	○	△	◎	◎	×	△	○	○	×	△
	HNBR	水素添加NBR	30～100	～30	100～800	120～150	-10～-45	○	△～○	◎	◎	△	△	○	○	×	△
	EPDM	エチレンプロピレンゴム	30～90	～20	100～800	80～140	-40～-70	△	△	◎	◎	◎	○	×	×	○	◎
	CSM	クロロスルホン化ポリエチレン	50～90	～20	100～500	80～120	-20～-60	△	△～○	◎	◎	○	◎	△	○	○	△
	ECO	エピクロルヒドリンゴム	40～90	～20	100～700	100～140	-20～-55	△～○	△～○	◎	◎	◎	◎	○～◎	◎	×	◎
	ACM	アクリルゴム	40～90	～12	100～600	120～150	0～-30	△	△	△	◎	◎	◎	×	◎	×	×
	AEM	エチレンアクリルゴム	40～90	～15	100～600	140～170	0～-30	○	△	△	◎	◎	◎	×	◎	×	×
	U	ウレタンゴム	60～100	～44	300～800	60～80	-30～-40	◎	△～○	△	◎	◎	◎	△	×	○	×
	Q	シリコンゴム	30～90	～10	50～500	200	-70～-120	×	△	△	×	◎	×	×	×	○	○
	FKM	フッ素ゴム	40～90	～20	100～500	250	-10～-40	△	◎	△	◎	◎	◎	◎	◎	○	△
熱可塑性エラストマー	TPO	オレフィン系エラストマー	60～95	～20	200～600	～120	～-70	◎	×	△～○	×	◎	△	△	×	○	○
	TPEE	エステル系エラストマー	40～70	～40	350～450	～140	～-70	◎	△	×	△	◎	○	◎	○	○	○
	TPA	アミド系エラストマー	40～60	～35	200～400	～100	～-70	◎	△	×	○	◎	◎	◎	○	○	○
	TPS	スチレン系エラストマー	40～70	～35	500～1 200	60	～-70	○	△	△	◎	◎	○	○	×	○	△
	TPU	ウレタン系エラストマー	30～80	～50	300～800	～100	～-70	◎	△	△	◎	◎	◎	△	◎	×～△	×～△
	TPVC	塩ビ系エラストマー	40～70	～20	400～500	～100	-30～-50	△	○	○	△	◎	△	×～△	○	△	△

◎：優れている，○：良い，△：やや良い，×：悪い

耐熱性，耐オゾン性，耐ガス透過性，衝撃吸収性に優れる。特に空気の不透過性が優れるので，タイヤのインナライナに使われる。

④ エチレン・プロピレン・ゴム（EPM，EPDM）　エチレンとプロピレンの共重合体である。耐熱性，耐候性，耐オゾン性に優れ，ラジエータホース，シール材などに使われる。

⑤ クロロプレン・ゴム（CR）　耐候性，耐油性に優れたゴムで，ベルト，ガスケットなどに使用される。

⑥ アクリル・ゴム（ACM）　耐油性，耐熱性に，非常に優れたゴムである。き裂の発生防止のため，NBR（ニトリルゴム）系ゴムに代わりガスケット，オイルシールなどに使用される。

⑦ シリコーンゴム（Q）　耐熱性，耐寒性に非常に優れているが，強度は低く，高価である。シリコーン（silicone）とシリコン（silicon）は異なる意味であるが，シリコンゴムとも称される。

⑧ フッ素ゴム（FKM）　耐熱，耐油性，耐薬品性に非常に優れるが，高価である。過酷な条件で使用されるオイルシール，ガスケットなどに使用される。

⑨ 熱可塑性エラストマ（TPE，サーモ・プラスチック・エラストマ）　TPEは加硫を必要とせず，プラスチックとゴムの両方の性質をもっており，ポリスチレン系，ポリオレフィン系など，いろいろなものがある。使用するときはゴムだが，成形するときは熱可塑性プラスチックと類似しているので，大量生産で安価な成形品を供給できる。汎用ゴムに近い性質をもち，自動車の窓枠シール，耐候性ガスケットなどに使用されている。

5.2.2　タイヤ

タイヤは自動車の走る，曲がる，止まるという最も基本的な役割を直接果たす部品である。タイヤには，天然ゴムと合成ゴムのほかにカーボンブラック，繊維素材などが用いられている。タイヤが黒いのはカーボンブラックによる。

1　タイヤの基本的機能

① 荷重支持機能　タイヤは空気で満たされた圧力容器といえる。つまりタイヤ内に空気を充填し，ゴム膜の弾性と空気の弾性によって重い車を支える圧力

容器としての機能をもつ。
② 制動，駆動機能　ゴムと路面の摩擦による動力伝達機能をもつ。
③ 緩衝機能　圧力空気の弾性とゴム膜の弾性によって，路面の凹凸による振動，衝撃を吸収する機能をもつ。
④ 進路保持機能　カーブでも安定走行できる車の舵としての機能をもつ。

2　タイヤの材料

　原料ゴムには天然ゴムと合成ゴムがあり，タイヤ各部の特性に応じ単独あるいは混合して使われている。合成ゴムは SBR, BR, IR, IIR などである。

　配合剤の主なものは，ゴムの補強剤であるカーボンブラック，ゴムに弾力性と耐久性を与える硫黄，ゴムの分子と硫黄の分子の結合を促進する加硫促進剤，そしてゴムの劣化を防止する老化防止剤である。

　ベルトやカーカスに用いられる補強繊維（タイヤコード）には，ナイロン，ポリエステル，アラミド，スチールがある。表5.3には，タイヤコードの材料と特徴を示した。

3　タイヤの構造と材料

　図5.5にラジアルタイヤ（ラジアルプライタイヤ）の断面を示す。主要構成部は，カーカス，ビードワイヤ，ベルト，トレッドである。

表5.3　タイヤコードの材料

コード材	特　徴
レーヨン	木綿より強度があり，耐熱性に優れている。ヨーロッパのラジアルタイヤのベルト材に使われている
ナイロン	レーヨンの2倍の強度をもち，軽くて耐湿性に優れている。バイアスタイヤの主材料である。乗用車用ラジアルタイヤのカーカスにも使われている
ポリエステル	ナイロンと同等の強度があり耐熱性も高く，乗用車用ラジアル・バイアスタイヤに多用されている
スチール	弾性が高く強度があり，熱にも強い。ラジアルタイヤのベルト材に，またトラック・バス用タイヤのカーカス材に多用されている
アラミド繊維	スチールの5分の1の重さでスチールと同等の強度をもつ。軽くて丈夫だが，高価である

タイヤの断面構造

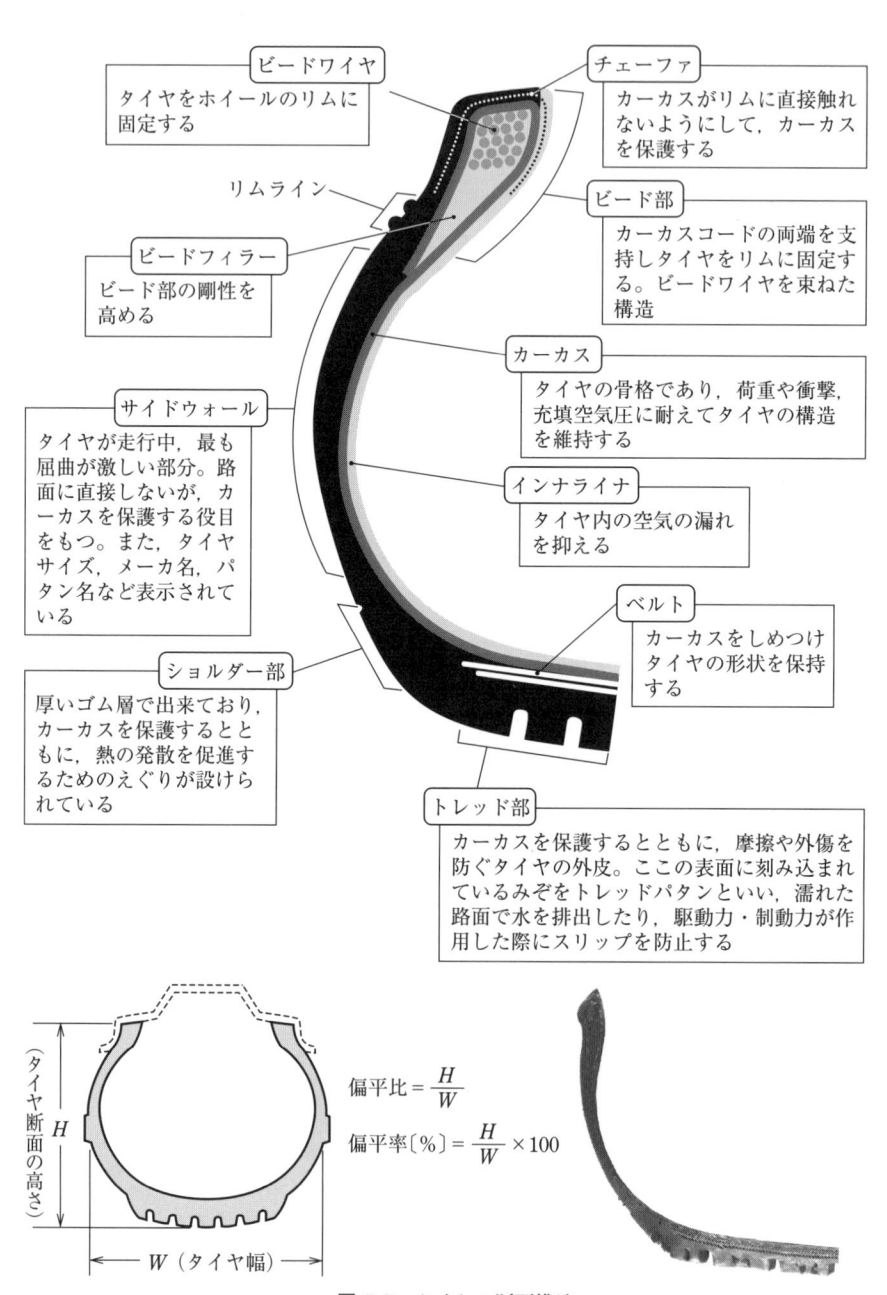

ビードワイヤ
タイヤをホイールのリムに固定する

リムライン

ビードフィラー
ビード部の剛性を高める

サイドウォール
タイヤが走行中，最も屈曲が激しい部分。路面に直接しないが，カーカスを保護する役目をもつ。また，タイヤサイズ，メーカ名，パタン名など表示されている

ショルダー部
厚いゴム層で出来ており，カーカスを保護するとともに，熱の発散を促進するためのえぐりが設けられている

チェーファ
カーカスがリムに直接触れないようにして，カーカスを保護する

ビード部
カーカスコードの両端を支持しタイヤをリムに固定する。ビードワイヤを束ねた構造

カーカス
タイヤの骨格であり，荷重や衝撃，充填空気圧に耐えてタイヤの構造を維持する

インナライナ
タイヤ内の空気の漏れを抑える

ベルト
カーカスをしめつけタイヤの形状を保持する

トレッド部
カーカスを保護するとともに，摩擦や外傷を防ぐタイヤの外皮。ここの表面に刻み込まれているみぞをトレッドパタンといい，濡れた路面で水を排出したり，駆動力・制動力が作用した際にスリップを防止する

H（タイヤ断面の高さ）
W（タイヤ幅）

偏平比 $= \dfrac{H}{W}$

偏平率 $[\%] = \dfrac{H}{W} \times 100$

図 5.5　タイヤの断面構造

カーカスは，タイヤの骨格をなすコードをゴム被覆した層で，車重を支える構造部である。つまりタイヤに空気を充填したとき，圧力容器の役割を果たす。カーカスの内側に空気の機密性を保つライナ（インナライナ）がある。

タイヤをリム（ホイール）に固定する部分をビードという。ビードワイヤは，強力なピアノ線を束ねたもので，タイヤをホイールに固定し空気が漏れないようにする。

カーカスの上に巻かれたベルト（バイアスタイヤの場合はブレーカという）は，路面からの衝撃を吸収してカーカスを守る。ベルトはトレッドとカーカスとの間に配置されたコード層で，乗用車のベルトは通常スチール繊維で補強されている。

トレッドは，タイヤが実際に路面と接する部分で，カーカスとベルトの外側を覆う厚いゴム層である。グリップ性や静粛性など，走行中のさまざまな性能を左右する。耐摩耗性，低発熱性，低ころがり抵抗性，耐カット性，耐チッピング性の良いゴムが選定される。

サイドウオールはタイヤの側面を保護する。

5.3 合成繊維

繊維（fiber）は，天然繊維と合成繊維に大別される。天然繊維には，綿などの植物性繊維と，羊毛や絹などの動物性繊維がある。

合成繊維は化学繊維とも称され，ナイロン，ビニロン，ポリエステルなどのように，繊維を構成する分子が化学的な合成方法によってつくられた繊維である。つまり合成繊維は高分子化合物で，ナイロンはポリアミド系繊維，ビニロンはポリビニル系繊維である。

自動車において合成繊維はタイヤのほかにもシートの表皮，シートベルトなどに使用されている。また天井，フロア，トランクの内装材としても使われている。代表的な合成繊維はナイロン，ポリエステル，ポリプロピレンなどである。

（1）シートベルト

シートベルトは衝突時に乗員を保護するもので，乗員をシートに拘束すること

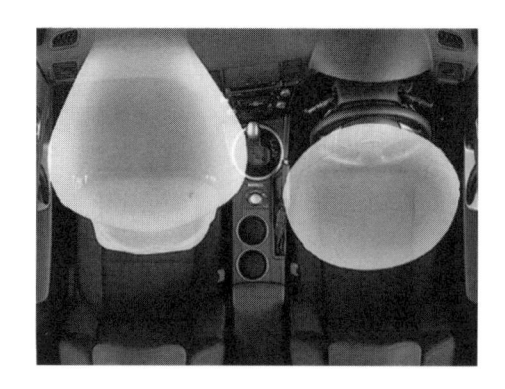

図 5.6　衝突時のエアバック

で衝突時に乗員が車室内の部品と衝突（二次衝突）することを防止する。シートベルトは，主体となるウェビング（ベルト），バックル，巻取装置のリトラクタ，そしてシートベルトを車体に取り付ける金具などから構成されている。

ウェビングは，合成繊維であるナイロンやポリエステルを規定の幅と厚さに織ったもので，衝突時の衝撃力に耐える仕様が定められている。

(2)　エアバッグ

エアバッグは，シートベルトの補助として乗員を保護するもので，センサ，ガス発生器，バッグから構成されている。衝撃感知センサによりガスが発生しバッグを膨張させる（図5.6）。バッグは強度と気密性が要求され，ナイロンの糸を織ったものが使用されている。

5.4　摩擦材

ブレーキは自動車を安全に制御し，停止させる重要な保安部品である。このブレーキ性能を高めるために安定した摩擦材が必要となる。摩擦材は，ブレーキライニング，ディスクパッド，クラッチフェーシングなどに用いられている。

5.4.1　摩擦材の構成

摩擦材は，①摩擦係数が適度に大きく，摩耗が少ないこと，②摩擦係数が安定

していること，③ブレーキの鳴きがないこと，④有害な摩耗粉を発生しないこと，などが求められる。

　摩擦係数の安定性とは，①フェード現象が発生しない，つまり熱安定性が良いこと，②スピードスプレッドといわれる速度による摩擦係数の変化が少ないこと，③ウォータフェードといわれる水に濡れたとき，摩擦係数の低下が生じないこと，④モーニングシックネスといわれる夜間駐車中に結露したとき，摩擦係数の上昇が起こらないことなど，さまざまである。

　摩擦材は，①骨格となる基材，②摩擦係数を適切にする摩擦調整剤，そして③これらを接着成形する結合剤から構成される。基材として以前は石綿（アスベスト）が使用されていたが，人体に悪影響があるため現在は用いられていない。

5.4.2　ブレーキパッド

　フットブレーキには，ドラムの内側にブレーキシューと呼ばれる摩擦材を押し付けるドラムブレーキと，ディスクの両側からブレーキパッドと呼ばれる摩擦材を押し付けるディスクブレーキがある。

　ディスクブレーキは，タイヤホイールと一体で回転するディスクが露出しているため放熱性に優れ，高速で繰り返し使用しても制動力の変化が小さく安定した制動が行えるので，乗用車を中心に広く使用されている。ディスクを制動するパッドは，図5.7に示すように、裏金である厚鋼板に摩擦材を貼り付けたものである。

　パッドの摩擦材には，レジンモールドと焼結合金（シンタードメタリック）が

図5.7　ブレーキパッド

ある。レジンモールドは自動車に，シンタードメタリックは2輪車や鉄道車両に用いられている。

(1) レジンモールド

レジンモールドとは，各種配合剤にレジン（樹脂）を混ぜ，熱間でプレス硬化させる摩擦材料（製造方法）のことで，フェノール樹脂（フェノールレジン）を結合剤としている。ゴムを結合剤とする摩擦材料をゴムモールドという。ゴムモールドは，かつて自動車に用いられていたが，耐熱性などに優れるレジンモールドが主流となった。

フェノールレジンは，最初粉末状態で熱を加えると溶けて流れる状態となり，各材料を結合する。そして140～240℃で再度熱すると硬化する。この結合体を補強する役割を果たすのが基材である。

基材には，かつてアスベストが用いられていたが，それを用いていない意味からノンアスベスト材と称されている。つまりノンアスベスト材とは，数種類の基材（非鉄金属，無機繊維，鋼繊維）に，添加物とともにフェノール系樹脂を結合剤として加え，加熱成型したものである。

ノンアスベスト材は，基材となる鋼繊維の多少で通常3つに分けられる。鋼繊維の使用量が少ないかまったく使用していないものが，自動車用として広く使われ，これをノンアスベスト材と称する場合もある。なお，自動車のディスクロータにはねずみ鋳鉄（FC200）が用いられている。

① ノンスチール材　スチール繊維を使っていないもので，アラミド繊維を使用している。パッド材の主流である。
② ロースチール材　スチール繊維の含有を少なくしたものをいう。
③ セミメタリック材　スチール繊維を中心にガラス繊維，カーボン繊維，アラミド繊維を基材としたもので，耐摩耗性，耐フェード性に優れ，一部大型トラックやトレーラなど高負荷の用途に用いられる。

(2) 焼結合金（シンタードメタリック）

鉄や銅の金属粉末を焼結したもので，シンタード（焼結）パッド，メタルパッドともいう。なお，2輪車のディスクロータには13Cr系のステンレス鋼が用いられている。

5.5 塗料

塗料とは，物体の保護，美観などのために，樹脂，顔料，溶剤，添加剤を用いてつくった液体または粉体である。塗料を用いて塗膜を形成させることを塗装といい，この塗膜が物体の保護や美化の役割をもっている。

自動車のボディは，ほとんどが鋼板でできているため，錆対策や美観の向上のため塗装される。

5.5.1 塗料の構成

塗料は，表 5.4 に示すように，塗膜形成主要素である樹脂，塗膜形成副要素である添加剤，塗膜形成助要素である溶剤，そして顔料から構成されている。

(1) 樹脂

樹脂（プラスチック）は，顔料を分散し，塗膜を形成する。塗膜は樹脂そのものだから，塗料としての性質や能力は樹脂が主に決定する。自動車用塗料では，透明で耐久力のあるアクリルが主に使われる。下地用にはポリエステル，エポキシなども利用される。

(2) 添加剤

添加剤は塗膜の性能を向上させるもので，可塑剤，硬化剤，乾燥剤など各種のものがあり，必要に応じて使用される。

(3) 顔料

顔料は，天然の鉱物や金属からつくる無機顔料と主に石油から合成される有機顔料に大別される。

顔料には，表 5.5 に示すように，着色顔料，体質顔料，防錆顔料がある。つま

表 5.4 塗料の構成成分

樹　脂	顔料と顔料をつなぎ，塗膜に光沢とかたさを与えるもの
添加剤	塗装の作業性や仕上がり性をよくする添加物
顔　料	塗膜に色や充填効果を与え，水や溶剤に溶解しない粉末
溶　剤	樹脂を溶かし，顔料と樹脂を混ぜやすくする液体

表5.5 顔料

防錆顔料		錆びを防ぐ働きをもつ顔料。プライマー類，防錆塗料に含まれる	クロム酸亜鉛，ジンククロメート
体質顔料		へこみを埋める働きをもつ顔料。パテ，サフェーサー類に含まれる	炭酸カルシウム，タルク
着色顔料		色彩や輝きをつくり出す顔料。上塗り塗料に含まれる	
一般顔料	無機顔料	天然鉱物や金属を原料にした顔料	酸化チタン（白），亜鉛華（白），カーボンブラック（黒），べんがら（赤），クロムイエロ（黄），群青（青）
	有機顔料	石油系の材料から合成された顔料	キナクリドン（赤），ハンサイエロ（黄），シアニンブルー（青）
光輝顔料	メタリック顔料（アルミ粒子）	アルミ片を細かく砕いたもの。メタリック塗料に用いる	
	パール顔料	雲母の小片に酸化チタンをコーティングしたもの。パール塗装に用いる	

り顔料は着色だけでなく，へこみを埋める充填（体質顔料という）や防錆の役割を果たす。着色顔料は主に上塗り用の塗料に用いられ，体質顔料と防錆顔料は主に下塗り用の塗料に用いられる。

着色顔料には，塗料に赤，青，黄，白，黒などの色を与える一般顔料と，光輝顔料がある。光輝顔料には，メタリックカラーのきらきら感を出すアルミ粒子と，パールカラーに使うマイカ（雲母）がある。

アルミやマイカが入った塗料表面は平滑にならないので，クリヤ塗装が施される。クリヤは通常の塗料から顔料が除かれたもので，無色透明である。

（4） 溶剤

溶剤は樹脂を溶かして液状にして塗装できる状態に保つために加えられる。塗装が終わると蒸発して消えるが，塗装作業や仕上がり状態に影響を及ぼす。

5.5.2 ボディの塗装工程

ボディの塗装品質は，種々の環境下において長時間使用されても，塗膜の破損

がなく，錆びが発生せず，さらに塗膜の光沢や色彩が低下せず，美観が保持されることが求められる。

そのため，乗用車ボディの塗装は図5.8に示すように，下塗り，中塗り，そして上塗りの3回塗り仕上げの工程で行われる。各塗装後の焼付乾燥とは，ボディを大きなオーブンの中を通して短時間で乾燥させるとともに，熱により塗膜の強度を高めるもので，通常，雰囲気温度が170℃，20分程度の工程である。

(1) 前処理

組み立てられたボディには油分が付着しているため，脱脂処理を行う。そして防錆と下塗り塗料の密着性を向上させるための表面処理を行う。この表面処理を化成処理（りん酸亜鉛皮膜処理）という。

(2) 下塗り

下塗りは鋼板の防錆が目的である。大きな塗料槽中にボディ全体をどぶ漬け方法により電着塗装を行い，強固な防錆塗装を行う。どぶ漬け方法であるためボディの裏側や袋状になっている内面まですべて塗装を行うことができ，防錆性能が高い。

電着塗装は，ED塗装ともいい，図5.9に示すように，電気めっきの原理で塗

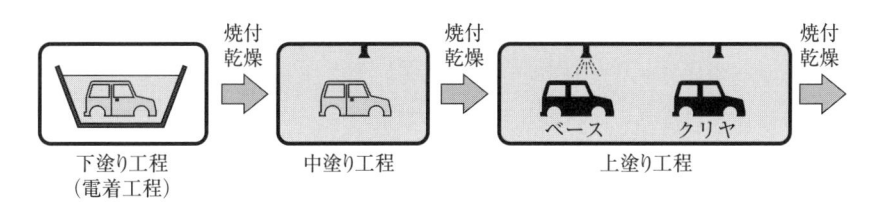

図5.8 ボディの塗装工程

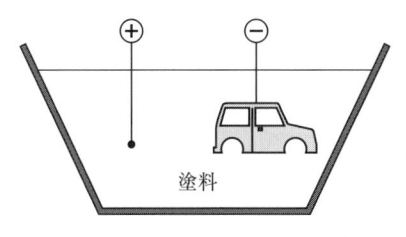

図5.9 電着塗装（カチオン電着）

装する。一般にカチオン電着（被塗装物をマイナスとし，数 A/m² 程度の電流を流す）塗装が使われ，塗料は水溶性エポキシ塗料が多い。塗膜厚さが均一で，防錆能力が高く，焼付けにより非常に塗膜強度が高いのが特徴である。

(3) 中塗り

中塗りは，ボディの製造工程で生じる細かな擦り傷を埋め，上塗りの品質を上げるために行う。また，下塗り塗料と上塗り塗料の密着性を上げる役割もある。塗装方法は静電塗装で，この方法により塗料が回りにくい面にも塗装が行える。塗料にはメラミンアルキド樹脂系塗料（ポリエステル系塗料）が使われている。

静電塗装とは，静電ガンを用い被塗装物との間に静電圧（70〜90 kV）を加え，細かなミストを効率良く吸着させる塗装方法である。塗料の無駄が少なく（効率95％程度）細かなミストが漂うため，陰に隠れた部分まで回り込んで塗装ができる。

(4) 上塗り

上塗りは，色とつやを与える塗装で，中塗りと同様静電塗装により，きめ細かな塗装が行われる。上塗りは高度な美観と耐久性が求められる。上塗りには，着色顔料によりさまざまな色を発色させるソリッドカラー，着色顔料とアルミ粉を組み合わせて金属光沢を与えるメタリックカラーなどがある。

上塗り塗料のベース樹脂は，ソリッドカラーではメラミンアルキド樹脂，メタリックカラーではアクリル樹脂が主体である。アクリル樹脂はメラミンアルキド樹脂より耐候性に優れる。外観品質向上や機能性向上の要求から，ポリウレタン系塗料，フッ素樹脂塗料，シリコーン系塗料なども使用されている。

(5) 塗膜の積層形態

乗用車のボディ塗装は，下塗り，中塗り，上塗りの3コート塗装が一般的であるが，上塗りを2層または3層とし，全体で4コートまたは5コート塗装のものもある。

図5.10にソリッドカラーとメタリックカラーの塗膜の積層形態を示す。また，図5.11にはパールカラーの積層形態を示した。

① ソリッドカラー　着色顔料の塗料による塗装で，3コート3ベーク（3回塗って3回焼付け）が基本である。外観の深み感を出すために上塗りを2層に

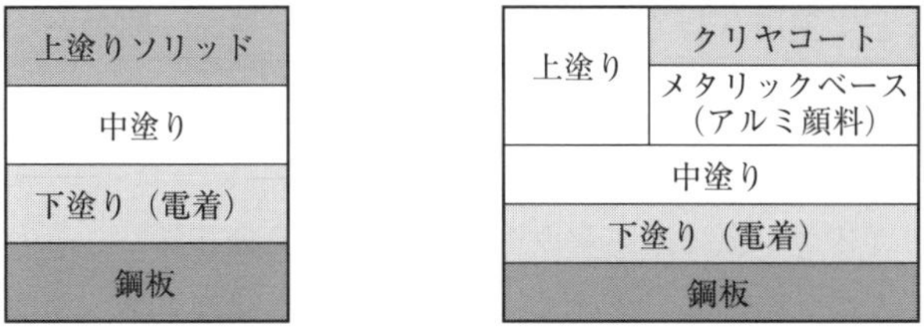

図 5.10　ボディ塗装の積層形態

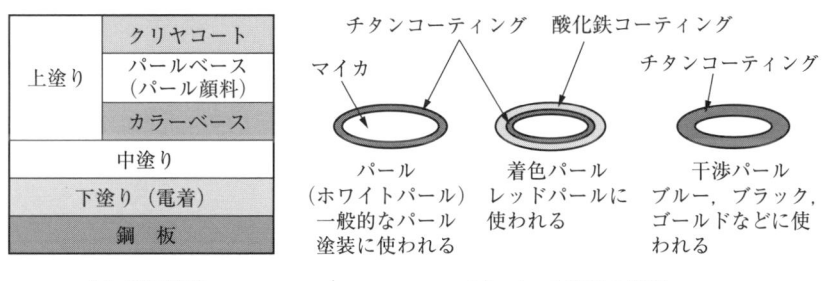

図 5.11　パールカラー

した4コートのものもある。

② メタリックカラー　ソリッドカラーと異なり，塗料中にアルミ粉入りによる塗装で，4コート4ベークが基本であるが，クリヤを2層にした5コートのものもある。アルミ粉の効果で華やかに見える。

③ パールカラー　マイカ（雲母）入りの塗料をカラーベースコートとクリヤコートの中間に塗装する。発色方法が異なり，しっとりとした質感の高い塗装となるが，5コート5ベークが基本のためコストが高い。

5.6　シール材

シールには，静的シール（ガスケット）と動的シール（パッキン）がある。シール材は，部品と部品の接合部や摺動部，部品間隙に充填して防水，防塵，漏れ

防止,防錆などに使用される材料で,ボディ,エンジン,駆動系などに広く使用されている。

1 ガスケット

エンジン用ガスケットは,エンジンの接続部に装着されて,その内部を流通する流体(燃焼ガス,冷却水,オイル)をシールする役割を果たす部品である。エンジンには多くのガスケットが用いられているが,代表的なものとして,シリンダヘッドとシリンダブロックの間に挟んで用いられるシリンダヘッドガスケットや,排気マニホールドガスケット,ウォータポンプガスケット,オイルパンガスケットがある。

それぞれのガスケットは,その使用条件(温度,圧力,流体の種類と性質,装着部の状態など)によって材料が選択される。表5.6に示すように,金属材料は

表5.6 ガスケットの材料

材料			板厚および形状〔mm〕	用途
金属	冷間圧延鋼板		0.15〜0.3	ヘッドガスケット,排気マニホールドガスケット
	ステンレス鋼板		0.05〜0.3	
非金属	ビーターシート		0.5〜2.0	液体シールガスケット,オイルパンガスケット,ウォーターポンプガスケット
	コンプレスドシート		0.5〜2.4	
	ゴム	シリコン	Oリング 角リング	液体シールリング
		フッ素		
		ニトリル		
金属と非金属	グラファイトスチール		0.8〜2.0	ウォーターポンプガスケット,液体シールガスケット
	ビーターシートスチール			
	コンプレスドシートスチール			
コーティング材	NBR		塗膜25〜30〔μm〕	ガスケット表面または層間シール
	シリコン樹脂 シリコンゴム			
	フッ素樹脂 フッ素ゴム			

ヘッドガスケットや排気マニホールドガスケットのように温度や圧力の高いシール条件で使用するガスケットに用いられる。非金属材料は，締付力が弱く高圧縮性が要求される個所で，温度も中低温，圧力も低い条件下で使用されるガスケット材料として用いられる。その中間の使用条件では，金属材料と非金属材料が組み合わせられている。

ガスケットのなかで最も重要なものがシリンダヘッドガスケットである。シリンダヘッドガスケットは，エンジンの作動によって生じる高温・高圧の燃焼ガスや潤滑オイルおよび冷却水を同時にシールする重要な役割を果たす部品である。そのため，シリンダヘッドやシリンダブロックの装着面とシリンダヘッドガスケット表面は密着し，さらにガスケットの各シール部には適正な面圧の領域が発生していなければならない。つまり，ガスケットに対しボルトで所要の締付荷重を負荷したとき，シール面圧が適正でないと，ガス漏れなどシーリングに不具合が生じる。

シリンダヘッドガスケットの構造は，軟鋼板やステンレス鋼板を数枚積層し，

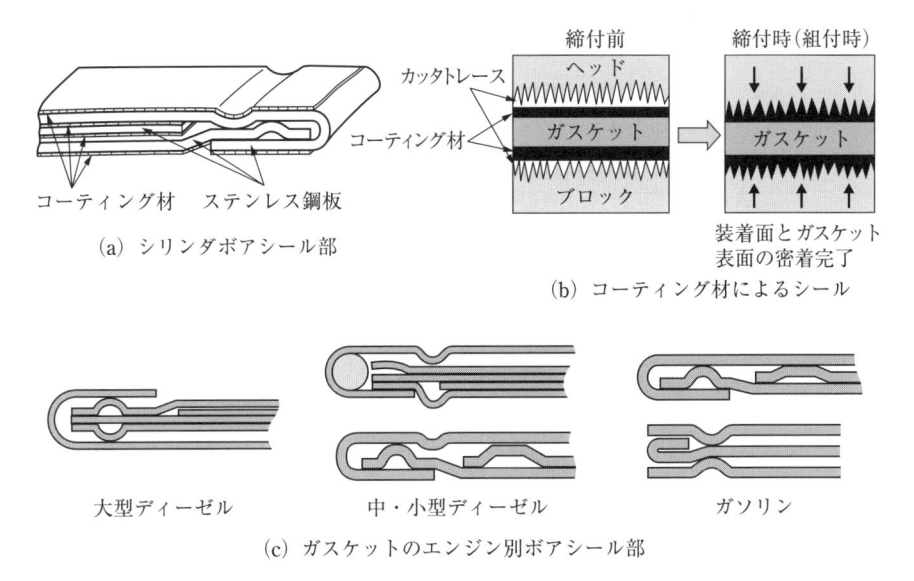

(a) シリンダボアシール部

(b) コーティング材によるシール

(c) ガスケットのエンジン別ボアシール部

図 5.12　金属積層形ガスケット（スチールラミネートガスケット）

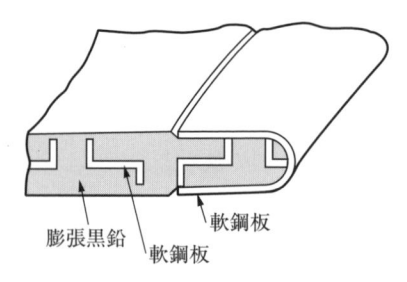

図 5.13 複合ガスケット（メタルグラファイト系ガスケット）

フッ素ゴムなどをコーティングした金属積層形（スチールラミネイトタイプ）が主流である。その概要を図 5.12 に示す。

図 5.13 には，膨張黒鉛を用いた圧縮材に芯金を入れて軟鋼板で包んだ構造の複合ガスケット（メタルグラファイト系ガスケット）を示した。この金属・非金属の複合ガスケットは，古い型式のエンジンに見られる。

2　オイルシール

ガスケットを固定用シールというとき，パッキンは運動用シールとも称される。パッキンにはオイルシールやメカニカルシールなどがある。

オイルシールはオイルをシールするものであるが，オイルだけでなく水などの漏れ，外からのほこりなどの侵入を防ぐ役割も果たしている。

オイルシールは，図 5.14 に示すようにシール体であるゴム，そしてばねと金属環で構成される。シール体のゴムには，使用環境に応じてニトリルゴム

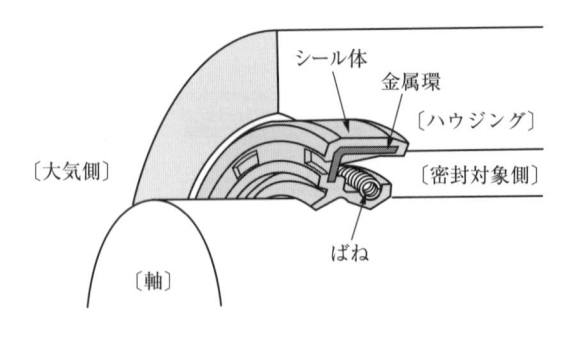

図 5.14　オイルシールの構造

(NBR), フッ素ゴム (FKM), アクリルゴム (ACM) など, さまざまなゴムが選定される。ばねにはピアノ線など, 金属環には冷間圧延鋼板などが使用されている。

5.7 潤滑剤

自動車には多くの可動部分があり, その多くが摩擦個所となっている。ブレーキやクラッチなどを除いて, 一般に摩擦が大きいと摩擦抵抗による摩耗や焼付きなどの障害となる。そのため潤滑剤を使用して摩擦抵抗を減少させている。

潤滑剤は, 潤滑油, グリース, そして固体潤滑剤に大別される。潤滑油には, エンジンオイル, ギヤオイル, ATF (Automatic Transmission Fluid) などがある。潤滑油にとって重要な性質が粘性である。

5.7.1 エンジンオイル

エンジンオイルは, 基油と添加剤から構成されている。基油として合成潤滑油を使用したものもあるが, 多くは石油系高精製油が用いられている。

エンジンオイルがほかの潤滑剤と大きく異なる点は, 燃焼室から混入する燃焼ガスから生成される成分や, 未燃焼ガスやカーボンなどの影響を強く受けることである。これらの成分を中和し, 各部に沈積させることなく, 油中に分散もしくは可溶化させる能力が必要になる。また, 高温清浄性, 低燃料消費性, 低オイル消費性, 低温始動性などの実用性能が求められるため, 多くの添加剤が使用されている。

(1) エンジンオイルの粘度

粘度は, オイルの粘り (粘性) の度合を表す。粘度の高いオイルは金属の表面につくる油膜が厚く, それだけ大きな荷重を支えることができる。しかし, 粘度は高すぎると粘性抵抗が大きくなり, 動力損失を増大させる。反対に低すぎると動力損失は減少するが, 油膜が切れやすく, 潤滑作用が十分に行われなくなる。したがって, エンジンの性能や使い方にあわせ適正な粘度のものを使用する必要がある。

図5.15に示すように,平行な2平面がxの距離で存在し,その一方が速度Vで動くとき,単位面積当たりにかかる抵抗力Fは,速度勾配に比例し,$F=\mu(dV/dx)$となる。このμが液体に固有な値で**粘度**といい,その単位を**ポアズ**(P,poise)という。潤滑油ではPの1/100の**センチポアズ**〔cP〕を用いる。SI単位では,1cP=1 mPa・sと表される。

粘度μを同一の温度と圧力における密度ρで割った値,μ/ρを**動粘度**(kinetic viscosity)という。その単位を**ストークス**(St,stokes)いうが,Stの1/100の**センチストークス**〔cSt〕が用いられる。SI単位では,1cSt=1 mm^2/sと表される。

オイルの粘度は温度によって著しく変わる。温度によって粘度が変化する度合を示す数値を**粘度指数**(VI値:Viscosity Index)という。粘度指数は,40℃と100℃の動粘度から計算で求める値で,粘度指数が大きいものほど温度による粘度変化の度合は小さい。

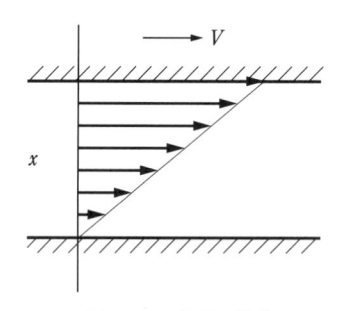

図5.15 粘度の概念

表5.7 エンジンオイルのSAE粘度分類

SAE粘度番号		0W	5W	10W	15W	20W	25W	20	30	40	50	60
規定温度における最大粘度〔mPa・s〕(℃)		3 250 (−30°)	3 500 (−25°)	3 500 (−20°)	3 500 (−15°)	4 500 (−10°)	6 000 (−5°)	−	−	−	−	−
100℃動粘度〔mm^2/s〕	最小	3.8	3.8	4.1	5.6	5.6	9.3	5.6	9.3	12.5	16.3	21.9
	最大	−	−	−	−	−	−	9.3	12.5	16.3	21.9	26.1

(2) エンジンオイルの分類

エンジンオイルの分類には，粘度による分類と用途による分類がある。

① 粘度による分類　エンジンオイルの粘度による分類として，**SAE**（Society of Automotive Engineers：アメリカ自動車技術協会）の粘度分類法が広く用いられている。この規格は，表5.7に示すように，エンジンオイルを11の粘度範囲に分けて番号を付けたものである。粘度番号が大きいものほど粘度が高い。番号に付けたWは冬期用または極寒地用を意味し，例えばSAE/10W－30などと表示される。

エンジンオイルは使用する温度範囲が狭いシングルグレードと，使用できる温度範囲が広いマルチグレードの2種類に分けられる。一般の自動車では，年間を通して使用できるようにマルチグレードのオイル（5W-30）が広く用いられる。

② 用途による分類　エンジンオイルの用途による分類としては，**API**（American Petroleum Institute：アメリカ石油協会）のサービス分類が広く用いられている。この分類は，表5.8に示すように，エンジンオイルをガソリンエンジン用として11段階に，ディーゼルエンジン用として9段階に分けたものである。

5.7.2　グリース

グリース（grease）は，一般に潤滑油に増ちょう剤を加えたものである。常温では半固体状で，温度を上げると液状になる潤滑剤である。潤滑油には酸化防止剤，極圧添加剤，防錆剤などの添加剤を加えている。

半固体状物質のかたさの度合を表す尺度を**ちょう度**（稠度）という。ちょう度は円すいがグリースに浸入する深さを意味しているので，ちょう度の数値が大きいものほどグリースはやわらかい。

増ちょう剤としては，一般にリチウム石けん，カルシウム石けん，アルミニウム石けん，バリウム石けんなどの金属石けんが用いられる。特殊なグリースには，ベントンやシリカゲルなどの非石けん基の増ちょう剤を加えたものがある。

グリースの主な使用個所は，①潤滑油の使用では軸受部から漏れる，あるいは飛散してまわりを汚すなどの恐れがある部分，②特殊運転（高温度，高荷重，衝

表 5.8 エンジンオイルの API 分類

分類		適用
ガソリンエンジン油	SA	無添加純鉱物油で，軽負荷エンジン用
	SB	添加油。添加剤の働きを若干必要とする軽度の運転条件用
	SC	1964年から1967年式までのアメリカ乗用車およびトラックのガソリンエンジン用
	SD	1968年式以降のアメリカ乗用車およびトラックのガソリンエンジン用
	SE	1971年以降の一部および1972年式以降のアメリカ乗用車および一部のガソリントラック用
	SF	1980年式以降のアメリカ乗用車および一部のガソリントラック用
	SG	1989年以降のガソリン乗用車，バン，軽トラックに適応。CC級（ディーゼル用）の性能も含む
	SH	1993年以降のガソリン車に対応。SGの最低性能基準を上回る。耐デポジット性能，耐酸化性能，耐摩耗性能および耐錆性能，防食性能でSGに代わるもの
	SJ	1996年以降のガソリン車に適用。SHの最低性能基準を上回る性能を有し，耐ブラックスラッジ性能，耐酸化性能，耐摩耗性能および耐錆性能，防食性能でSHに代わるもの
	SL	2001年以降のガソリン車に適用。SJの最低性能基準を上回る性能を有し，高温時におけるオイルの耐久性能・清浄性能・酸化安定性を向上するとともに，厳しいオイル揮発試験に合格した環境対策規格
	SM	2004年以降のガソリン車に適用。SL規格以上に省燃費性能，排気ガスの低減を行う環境対応規格
ディーゼルエンジン油	CA	軽度から中程度条件のディーゼルおよび軽度条件のガソリンエンジン用
	CB	軽度から中程度条件のディーゼルエンジン用で，低質燃料使用時の摩耗およびデポジット防止性を必要とするもの
	CC	軽度過給ディーゼルエンジンの中程度から過酷運転条件用。高負荷運転のガソリンエンジンにも使われる
	CD	高速高出力運転での高度の摩耗およびデポジット防止性を要求するディーゼルエンジン用
	CE	ヘビーデューティーの過給ディーゼルエンジンで低速高荷重と高速高荷重運転用。CD級よりさらにオイル消費性能，デポジット防止性能，スラッジ分散性能を向上させたもの
	CF	オフハイウェイディーゼルエンジン用に開発。CDに代わるもの
	CF-4	CEに比べ特にデポジット性能，スラッジ分散性の向上を図るとともに，熱安定性およびオイル消費防止性を向上したもの
	CG-4	1994年制定。低硫黄燃料を用いる高速4サイクルディーゼルエンジン用
	CH-4	1998年制定。1998年排気規制に適合する高速4サイクルディーゼルエンジン用
	CI-4	2002年排気ガス規制に適合する高速4サイクルディーゼルエンジン用。NOxやすすの低減を向上

撃荷重）や間欠運転などをする部分，③点検・給油が頻繁に行えない部分，④ほこり，水分，腐食性ガスなど外部からの汚染を防止する必要のある部分，⑤すき間が大きい部分などである。

第6章 非金属・無機材料

　無機材料は，粘土，石，陶磁器など古くから使用されている材料である。自動車にとって主要な無機材料といえるガラスは，視界の確保ばかりでなく，見栄えや車室内の開放感の向上に寄与している。一方，**セラミックス**（ニューセラミックス）の歴史は新しい。1980年代，セラミックスは鉄，プラスチックに次ぐ第三の素材として大いに注目を集めた。

6.1　ガラス

　ガラス（glass）は，ケイ酸（SiO_2，二酸化ケイ素，シリカ）を主体とする無機材料である。結晶化せずに非晶質の固体となる物質で，アモルファス（amorphous）の代表的な物質である。アモルファスとは無定形という意味で，原子または分子が結晶のように規則正しい空間配列をとらないで集合している固体物質である。

6.1.1　ガラスの性質

　ガラスは透明でかたく，加熱することにより所定の形状を容易に得ることができる。ガラスの歴史は古いが，窓ガラスとして利用されるようになったのは12世紀頃である。ガラスには馴染みのある窓ガラスのほかにいくつかの種類がある。

（1）ソーダ石灰ガラス

　ソーダ石灰ガラスは，SiO_2の融点を下げるためにソーダ（Na_2O）を添加した

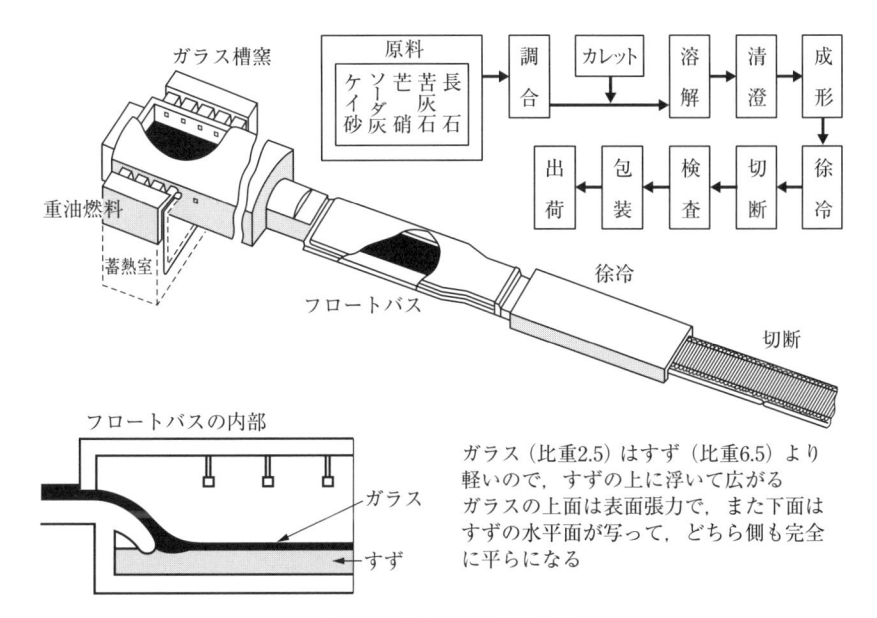

図6.1 板ガラスの製造工程

ものである。ガラスといえば**ソーダ石灰ガラス**（soda-lime glass）を指し、窓ガラス、容器ガラスとして生産量は最大である。窓ガラスの強度は 40〜60 MPa で、縦弾性係数（ヤング率）は 68 GPa である。

図 6.1 に板ガラスの製造工程を示す。板ガラスの主な原料は、ケイ砂、ソーダ灰、石灰石などで、ガラス屑（カレット）も利用されている。1 600℃程度に熱すると、澄みきったガラスの素地ができ、この素地をフロート法と呼ばれる方法で、厚みや幅が均一な板ガラスに成形する。

(2) 石英ガラス

ガラスの基本組成である SiO_2 のみからなるガラスを**石英ガラス**（シリカガラス）という。石英ガラスは、線膨張係数が約 0.5×10^{-6}/K と非常に小さく、熱衝撃性や耐食性に優れ、弾性性能も良い。ニューガラスとして、光ファイバへの用途が増大している。

天然 SiO_2 の透明結晶は水晶と呼ばれる。石英と水晶はいずれも 100% SiO_2 からなるが、結晶構造の違いが特性の差異になっている。すなわち、石英は原子が

結晶ほど整然とは並んでいないガラスであるので、ファイバ状に加工が可能となる。一方、水晶は原子が規則正しい結晶構造を有し、振動子として重要な材料である。

(3) ホウケイ酸ガラス

ホウケイ酸ガラスは、SiO_2 にホウ酸を添加してガラス化を容易にしたものである。線膨張係数が約 3×10^{-6}/K と小さく、かたく、さらに耐食・耐熱性に優れている。耐熱ガラスのパイレックス（商品名）が有名である。

(4) 鉛ガラス

鉛ガラスは、SiO_2 に酸化鉛（PbO）を含有するガラスで、クリスタルガラスともいう。光学ガラス、理化学用機器、高級装飾品ランプなどに使用される。また、鉛の含有量が多いものは放射線防護ガラスに用いられる。

6.1.2 自動車用窓ガラス（安全ガラス）

安全ガラスとは、ガラスが破損したとき、そのガラスの破片で人体に損傷を与えないガラスである。自動車の窓ガラスは、視界の確保とともに衝突時の乗員保護の観点が重視され、表6.1に示すように安全ガラスの使用が規定されている。

1 合せガラス

合せガラスとは、図6.2に模式図を示したが、厚さ1.8～3.0 mmの板ガラスの間に、接着力の強い透明な有機質の中間膜であるポリビニルブチラール（PVB）をサンドイッチ状に圧着したものである。破損した場合もガラスの破片がプラスチックに固着し飛び散らず、ガラス片によるけがを最小にすることを目的に開発された。開発当初、有機質の中間膜として硝酸セルロースが用いられていたが、強靭で紫外線に対し安定して変色しないPVBが1939年に開発され、合せガラスに使用されている。

合せガラスは、①普通の板ガラスと変わらない透視性をもつが、破壊したとき、中間膜がガラス破片の飛散やガラス全体の崩れを防止する、②破壊しても中間膜が強靭なため、衝突物が貫通しにくいので二次損傷を防止する、③破壊したとき、比較的大きな破片となり視界が確保できるなどの特徴をもっている。

合せガラスの中間膜の厚さには、JISで規定した2種類のものがある。1つは、

表6.1 自動車用窓ガラスの各部位に使用できる安全ガラス

部 位	視界域	視界域以外
前面ガラス	可視光線透過率75%以上 ・HPR合せガラス（A）	可視光線透過率75%未満 ・HPR合せガラス（A）
前面ガラス以外	可視光線透過率70%以上 ・HPR合せガラス（A） ・合せガラス（B） ・強化ガラス	可視光線透過率70%未満 ・HPR合せガラス（A） ・合せガラス（B） ・強化ガラス

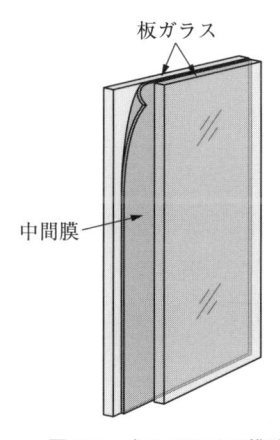

図6.2 合せガラスの構造

衝突時の乗員の車外への飛出しを防ぐ目的で開発された耐貫通性に優れた0.76 mmの中間膜を使用したもので，HPR（High Penetration Resistance）合せガラス（JISでは，合せガラスA）と呼ばれる。これは前面窓ガラスへの装着が義務づけられている。

もう1つは，0.38 mmの中間膜を使用したJISで合せガラスBと呼ばれているもので，前面窓ガラス以外の部位に装着することが許されている。

合せガラスは，中間膜に紫外線吸収剤が添加されているため，UVカット性能を有している。中間膜を着色することにより，ボカシ入りの前面窓ガラスや濃色のルーフガラスなどが実用化されている。また，中間膜に銅線（直径0.2 mm程度）を入れたアンテナ入りガラスもある。合せガラスの中間膜に熱線遮蔽成長微粒子を分散して赤外線をカットし，車室内の断熱性を向上させたものが赤外線カ

(a) 合せガラス　　　　　　　　(b) 強化ガラス

図 6.3　合せガラスと強化ガラスの破壊の様子

ットガラスである。

2　強化ガラス

ガラスを軟化させ，水中に滴下し急冷することによりつくられたオタマジャクシ状の固まりは，ハンマで叩いても割れないが，尾の部分を折ると粉々に砕け散る性質をもっていた。この強化ガラスも板状のガラスとして商品化されたのは1930年代である。

強化ガラスは，板ガラスをその軟化点（約650℃）まで加熱し，室温の空気を加熱されたガラス表面に強く吹き付け，急冷することによりガラス表面に圧縮応力層をつくったものである。通常のガラスは引張応力に弱い。強化ガラスは，表面に圧縮応力をもっているので外力により発生する引張応力を緩和する。通常のガラスより強度は3～5倍大きくなる。

図6.3には合せガラスと強化ガラスの破壊の様子を示した。強化ガラスは，破壊した際には細かなガラス片となり，人体に与える損傷は小さい。しかし，前面ガラスでは視界が確保できなくなるので，強化ガラスは前面ガラス以外に用いられる。

3　機能ガラス

（1）熱線吸収ガラス

熱線吸収ガラスは，原料中に鉄，ニッケル，コバルトなどを添加したガラスである。太陽放射熱を吸収し，赤外線，可視光線，紫外線などを適度に吸収し，冷房負荷の減少，紫外線による内装品の退色や変質の防止に役立つ。

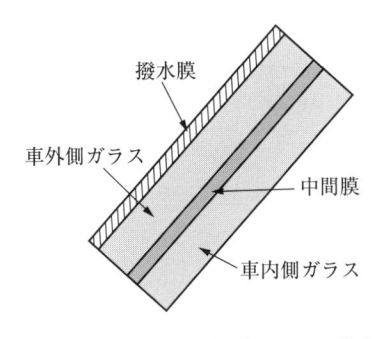

図 6.4 フロント撥水ガラスの構成

(2) 導電性ガラス（防曇・防霜ガラス）

導電性ガラスは，リアガラスの防曇，防霜に使用される。

合せガラスの場合には，ニクロム線やタングステン線を入れ，通電して曇りや霜を除去している。一方，強化ガラスの場合には，銀ペーストとガラスの粉末の混合物を細線状にしてプリント焼付けし通電する。

(3) 低反射ガラス，撥水ガラス

低反射ガラスは，フロントガラス室内側にスパッタリングにより多層薄膜（低反射膜）を形成し，可視光域の反射率を低減したものである。

一方，雨水が球状となって撥水性をもたらす撥水ガラスでは，ガラス外表面にフッ素化合物とシリコーンの有機膜が成膜されている。フロント撥水ガラスの構成を図 6.4 に示す。

6.1.3 光ファイバ

光通信システムの伝送路を構成するのが光ファイバである。通信用媒体の材料として，従来の銅線に比べ，①伝達できる情報量が格段に大きいこと，②非常に軽量であること，③外部磁場の影響を受けないこと，などから急速に普及している。

光ファイバは，コア材に使う材料によってガラス系とプラスチック系に分類される。プラスチック系は，ガラス系に比べて損失が大きく，伝送特性が劣るが，曲げても折れにくく，コストが安いという特徴がある。

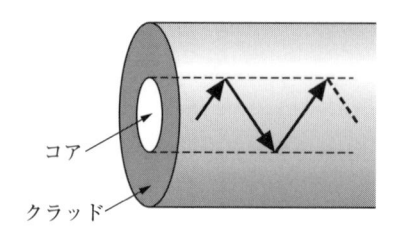

図 6.5　光ファイバの構造

　光ファイバは，光を閉じ込めて軸方向に伝搬させる。光を閉じ込めるため，図6.5に示すように，屈折率の高いコア（光が通る部分）と屈折率の低いクラッド（コアを覆う部分）で構成されている。コアとクラッドの界面での全反射により光線はコアに閉じ込められる。
　光ファイバのガラス系材料は，低損失性や化学安定性など多くの長所をもつシリカガラス（SiO_2）である。コアとクラッドの屈折率の変化は，SiO_2に添加物を加えることによってもたらされる。
　光ファイバの心線（シリカガラス）をポリエチレンなどで覆ったものを光ファイバケーブルという。

6.2　セラミックス

　セラミックス（ニューセラミックス）は，金属材料に比べて高温耐熱性があり，大部分のものが1 000℃を超える高温に耐える。また，摩擦に強く，酸化しないことも優れた点である。しかし，金属材料と異なり展延性はなく，衝撃に対しては脆く，加工性に劣る。

6.2.1　セラミックスの性質

　セラミックスという言葉の意味するところは非常に広い。広義には，非金属無機材料で，その製造工程において高温処理を受けたもの，とするのが一般的である。
　セラミックスは，元来，粘土のような天然原料を成形し，火で焼いたものを意

味し,さらに窯を用いて高温で焼結または溶融して製造される製品の総称であった。つまり,高温処理を受けた,ケイ酸塩を主体とした材料であり,長らく窯業製品とか窯業材料と呼ばれていた。具体的には,陶磁器,ガラス,セメントなどである。これらは伝統的セラミックス(traditional ceramics)に分類される。

一方,科学技術の進歩のなかで,その主体がケイ酸塩ではない新しい非金属無機材料が登場し,ニューセラミックス(new ceramics)と称された。モダンセラミックス(modern ceramics),ファインセラミックス(fine ceramics),アドバンスドセラミックス(advanced ceramics)とも呼ばれる。

ニューセラミックスは,高純度の精製原料あるいは合成材料を用い,新しい手法によって材料の化学組成,鉱物組成,組織などを制御して製造され,きわめて高度な性質あるいは特異な性質を示す。

以下では,ニューセラミックスを単にセラミックスと称する。

(1) セラミックスの種類

セラミックスには,表6.2に示すように,天然物原料を抽出し精製した高純度の材料を用いて製造される酸化物,天然には存在しない各種の金属化合物(炭化物,窒化物,ホウ化物など),炭素単体などが含まれる。

セラミックスは,その材質から酸化物系と非酸化物系とに分類される。またセラミックスがもつ機能特性から,電気・電子材料,化学材料,生体材料,耐熱材料,機械材料などに分類される。このうち,特に機械的・熱的機能を主として利

表6.2 セラミックスの種類

酸化物	Al_2O_3, MgO, ZrO_2, SiO_2, BeO, UO_2, ThO_2, $MgAl_2O_4$, $BaTiO_3$, PZT, フェライト, 結晶化ガラス
炭化物	SiC, B_4C, WC, ZrC, TiC
窒化物	Si_3N_4, AlN, BN
ホウ化物	ZrB_2, TiB_2, CrB_2
ケイ化物	$MoSi_2$
フッ化物	CaF_2, MgF_2, BaF_2
硫化物	ZnS, CdS
炭素および黒鉛	C

用するセラミックスを構造用セラミックス（structural ceramics）と呼んで，その他の機能性セラミックス（functional ceramics）と区別する場合がある。

（2） セラミックスの製造工程

セラミックスを製造する工程を図 6.6 に示す。原料粉末に必要な添加物を配合し，所用の形状に成形し，乾燥した後焼成（焼結）して製品とする。この工程において，原料の純度，添加物の種類と配合割合，成形方法，焼結条件などにより製品の特性が異なる。

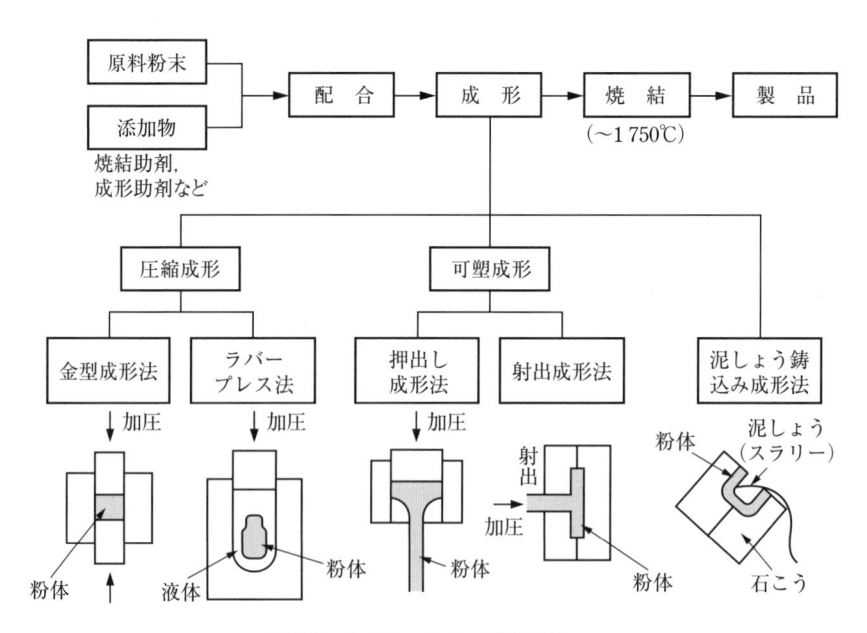

図 6.6 セラミックスの製造工程

表 6.3 セラミックスと金属の特性比較

項　目	セラミックス	金　属
使用温度範囲〔℃〕	≦1 300	≦1 100
破壊靱性〔MN/m$^{3/2}$〕	〜5	50〜200
破断ひずみ〔％〕	≦0.2	〜5
破壊吸収エネルギー〔J/cm^2〕	〜10^{-2}	〜10
耐摩耗性	大	小

(3) セラミックスの特性

表6.3は，セラミックスと金属の特性を比較したものである。セラミックスは，金属に比べると耐熱性，特に高温強度に優れている。また，かたく，耐食性や耐摩耗性に優れ，軽量で熱伝導率が小さい。しかし，靭性は金属に比べると格段に低い，つまり脆い。

表6.4には，主なセラミックスの特性を示した。アルミナ以外の登場として比較的間がない構造用セラミックスは，エンジニアリング・セラミックスとも呼ばれている。

① アルミナ（Al_2O_3）　アルミナセラミックスは，1930年代ドイツのジーメンス社において開発された。電柱に見えるガイシがアルミナである。電気絶縁性が優れているのでスパークプラグに用いられている。

② 窒化ケイ素（Si_3N_4）　自動車用途で利用されている構造用セラミックスの代表が窒化ケイ素である。耐熱性と機械的性質がともにバランス良く良好なため，多用されている。酸化物セラミックスであるアルミナに対して，ケイ素と

表6.4　セラミックスの特性

特性値	材料					
	Si_3N_4	SiC	サイアロン	PSZ	Al_2O_3	コーディエライト
比　重	3.2	3.15	3.16	5.2	3.98	1.61
強　度〔GPa〕	1.0（室温）0.6（1 200℃）	1.1（室温）1.1（1 400℃）	0.6（室温）0.6（1 200℃）	1.2（室温）0.35（800℃）	0.5（室温）0.4（800℃）	0.01（室温）0.01（1 000℃）
熱伝導率〔W/m・K〕	55	118	29	2.1	34	1.3
熱膨張率〔10^{-6}/K〕	3.0	4.8	2.8	8.0	8.1	1.2
硬　度〔HV, GPa〕	17	24	15	13	18	
弾性率〔GPa〕	280	420	250	150	400	16
破壊靭性〔$MPa・m^{1/2}$〕	6	4	4	9	4	

破壊靭性が小さいほど，脆いことを示す。

窒素で構成されている窒化ケイ素は，代表的な非酸化物セラミックスである。

窒化ケイ素にイットリアとアルミナを固溶させたセラミックスをサイアロン（sialon）という。

③ 炭化ケイ素（SiC）　炭化ケイ素は，耐熱性に優れた構造用の非酸化物セラミックスである。室温では，窒化ケイ素のほうが炭化ケイ素より強いが，1200℃程度以上の高温になると，窒化ケイ素の強度は低下するのに対し，炭化ケイ素はほとんど低下しない。

④ ジルコニア（ZrO_2 系）　ジルコニアは，高温相の立方晶，中間相の正方晶，低温相の単斜晶と3種類の相をもっている。構造用セラミックスとして利用されているのは，安定化剤のイットリア（Y_2O_3）をいくらか加えて，立方晶と正方晶が混在した組織の焼結体にしている部分安定化ジルコニア（PSZ：Partially-Stabilized Zirconia）である。

一方，安定化剤を十分添加して立方晶の組織にしたものを安定化ジルコニア（FSZ：Fully-Stabilized Zirconia）という。FSZは，酸素イオンのイオン伝導性が高いために，酸素センサなどの機能性セラミックスとして利用されている。

6.2.2　自動車のセラミックス部品

自動車に用いられているセラミックスは，構造用セラミックスと機能性セラミックスに大別される。ターボチャージャのロータ羽根車など厳しい負荷がかかる部品に用いられている構造用セラミックスは窒化ケイ素である。これに対して，エンジンの酸素センサに用いられているジルコニアに代表される機能性セラミックスでは，その対象となる部品が求められる機能・性能によってさまざまな材料が用いられている。

1　構造用セラミックス

構造用セラミックスは，耐熱性，耐摩耗性，軽量などの特性を生かして自動車の構造部品に使われている。

（1）　ターボチャージャロータ

ターボチャージャとは，排気エネルギーを利用して吸入空気を圧縮しシリンダ

に供給する装置である．構造は図 6.7 に示すように，高温，高速の排気でタービンを回し，タービンと直結したコンプレッサで空気を圧縮してエンジンに供給する．このとき，タービンの慣性モーメントが小さいほど運転の変化に追随しやすくなり，また低速域で過給できる．タービンは耐熱性を必要とされるので，耐熱合金（インコネル 713C）でつくられるが，比重（約 8.5）が大きく，慣性モー

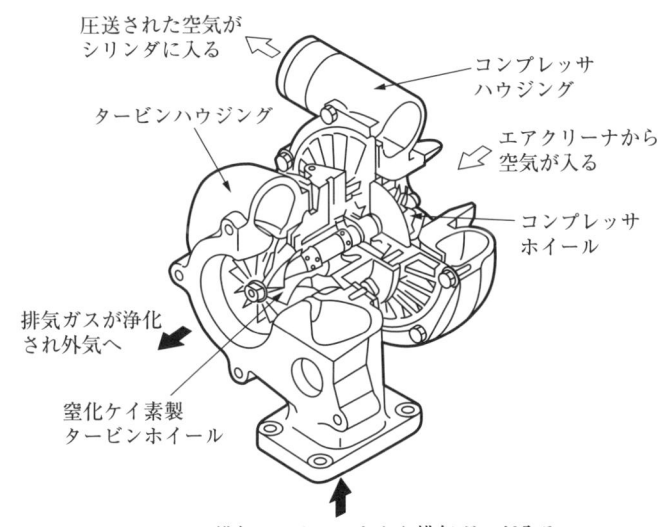

(a) ターボチャージャの構造

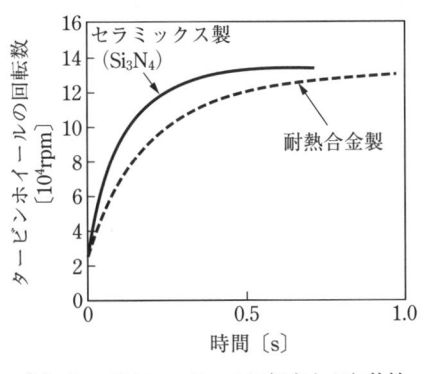

(b) ターボチャージャの回転立上がり特性

(c) セラミックスタービンホイール

図 6.7　セラミックスターボチャージャ

メントが大きい．これに対し，窒化ケイ素の比重（約 3.3）は小さい．

(2) DPF

DPF（ディーゼルパティキュレートフィルタ：Diesel Particulate Filter）は，ディーゼルエンジンより排出される PM（Particulate Matter）を捕集するフィルタである．フィルタの構造は，ハニカム構造とそれ以外に大別される．

図 6.8 にハニカム構造の DPF を示す．ハニカム（honeycomb）とは，蜂の巣の意味である．ハニカム構造は，多孔質壁により PM をろ過するので，ろ過効率が高いのが特徴である．ハニカム構造のフィルタ材料の代表的なものが，炭化ケイ素（SiC）とコーディエライトである．SiC は，高強度，高熱伝導率，高耐熱性であるが，線膨張係数がコーディエライトよりも大きいという短所がある．

(3) セラミックス軸受

ラリー車にセラミックス軸受を使用しているが，これはハブベアリングに窒化ケイ素セラミックスを焼付防止として使用している．

(4) ロッカアームのチップ

セラミックスは耐摩耗性に優れているが，特に窒化ケイ素は鉄系材料と相性がよい．図 6.9 に示すように，小さな窒化ケイ素のチップがロッカアームのアルミニウム合金（ADC10，ADC12）に埋め込まれ，鋳鉄製カムと接して使われている．

(5) 三元触媒担体

排ガス浄化用三元触媒の構造は，耐熱衝撃性，低熱膨張性などの点からコーディエライト・セラミックスのモノリス担体に，白金（Pt），ロジウム（Rh），セ

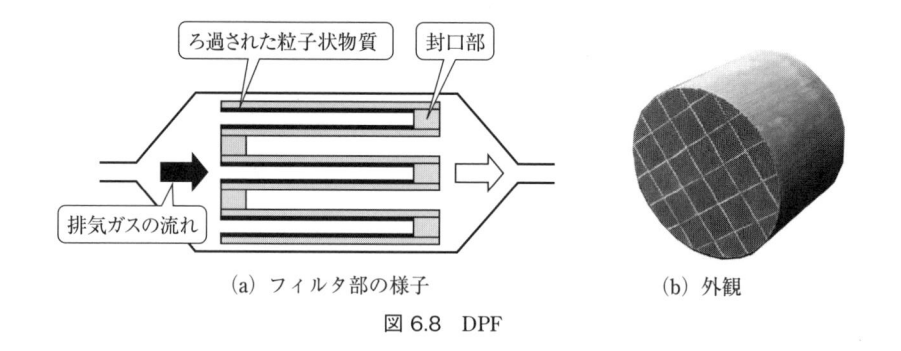

(a) フィルタ部の様子　　　(b) 外観

図 6.8　DPF

リウム（CeO_2）を担持するアルミナ（Al_2O_3）をコーティングしたものである。図 6.10 に示すコーディエライトのモノリス担体は，軽量で耐熱性などに優れ，多用されている。

なお，金属触媒担体（メタル担体）では，高温での耐酸化性が要求され，20Cr‑5Al の板厚 50 μm のステンレス箔がハニカム構造に加工されて使用されて

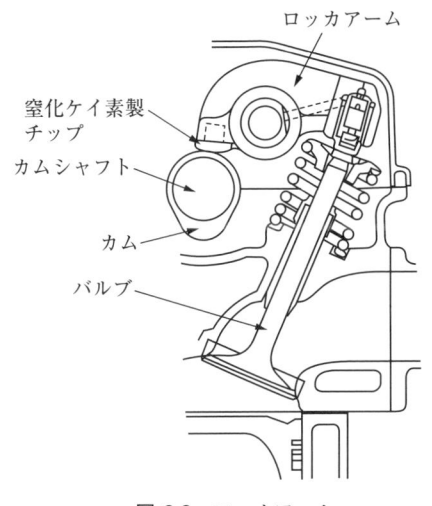

図 6.9 ロッカアーム

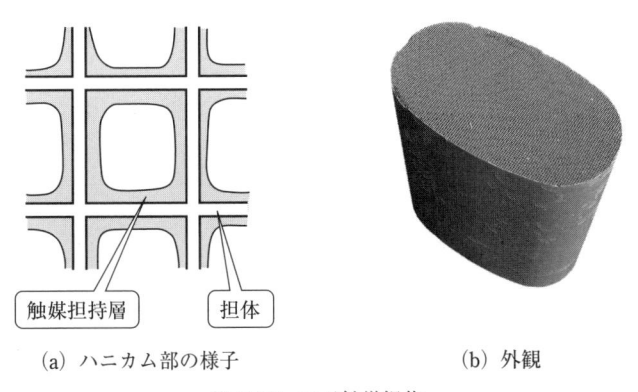

図 6.10 三元触媒担体
(a) ハニカム部の様子
(b) 外観

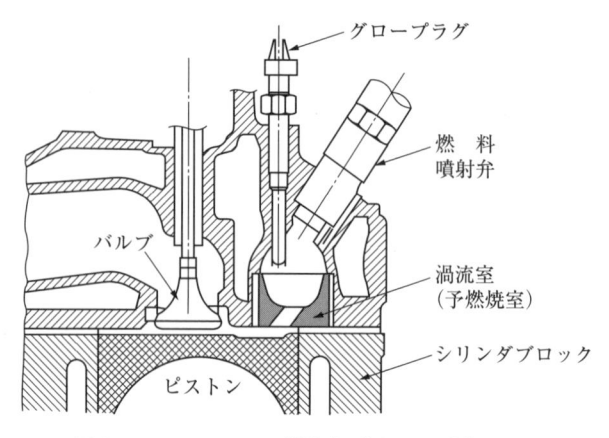

図 6.11 セラミックス渦流室（図の■部）

いる。

(6) ディーゼルエンジン用副室（渦流室）

渦流室（予燃焼室）とは，ディーゼルエンジンで燃料をシリンダ内に噴射するとき，いったん高温の個室に噴射し，ここで燃料を十分に気化し空気と混合させた後，シリンダ内に導くために設けられる部分である。このとき，渦流室の開口部付近がエンジンの中で最も高温になるので，図 6.11 に示すように，耐熱性に優れるセラミックスに置き換える。

2 機能性セラミックス

機能性セラミックスは，圧電性，熱特性，イオン伝導性，磁性など電気的特性をもつセラミックスである。表 6.5 に自動車における代表的な用途例を示す。

(1) 点火プラグ

スパークプラグの絶縁体にアルミナ（Al_2O_3）が使われている。絶縁体は高温絶縁性，熱伝導性に優れ，熱衝撃や機械的強度が高いことが求められる。

(2) グロープラグ

ディーゼルエンジンはエンジン始動時に，グロープラグを使って着火させる。図 6.12 に示すように，金属グロープラグでは，ステンレス鋼のチューブ（シース管）の中にニッケル線を通し，これに電流を通して抵抗加熱してステンレスチューブの表面温度を高める。表面温度が 900℃ 程度になるとディーゼルエンジン

の燃料に着火する。

　ステンレスチューブを窒化ケイ素セラミックス製にしたグロープラグの表面温度の上昇率は約2倍であるので，迅速な始動が可能になる。

表6.5　機能性セラミックス部品

部品		材料	
名称	機能	名称	特性
点火プラグ	ガソリンエンジン混合気点火	アルミナ Al_2O_3	絶縁性
グロープラグ	ディーゼルエンジン始動時着火	窒化ケイ素 Si_3N_4	絶縁性
混合気ヒータ	低温時，混合気を加熱	チタン酸バリウム $BaTiO_3$	電気抵抗の正温度特性
ブロアレジスタ	過電流を防止	チタン酸バリウム $BaTiO_3$	電気抵抗の正温度特性
モータ・コア	永久磁石によるモータの小型化	フェライト $BaO \cdot 6Fe_2O_3$	磁性
酸素センサ	排気ガス中の酸素を検知	ジルコニア，チタニア ZrO_2, TiO_2	イオン伝導性
リーンセンサ	排気ガス中の酸素を検知	ジルコニア ZrO_2	イオン伝導性
ノックセンサ	ノッキング，振動を検知	PZT $Pb(ZrTi)O_3$	圧電性
超音波センサ	後方の障害物を検知	PZT $Pb(ZrTi)O_3$	圧電性
水温センサ	冷却水の温度を検知	NTCサーミスタ VO_2, NiO, Cu_2Sx	電気抵抗の負温度特性
ライトセンサ	周囲の明るさを検知ライトを点滅	フォトセル CdS, Cu_2Sx	光電変換
IC基板	エレクトロニクス部品	アルミナ Al_2O_3	絶縁性
コンデンサ	エレクトロニクス部品	チタン酸バリウム $BaTiO_3$	誘電性
液晶防眩ミラー	インナミラー明暗を切り換え	酸化インジウム，酸化すず InO_2, SnO_2	透光性，導電性

PZT：チタン酸ジルコン酸鉛
NTC：Negative Temperature Coefficient Thermister, 負温度特性サーミスタ（温度上昇により抵抗値が減少する）

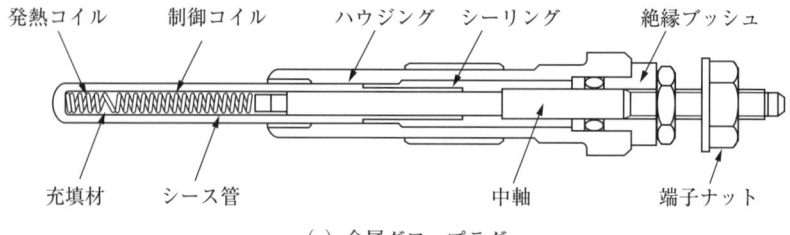

図中ラベル:
(a) 金属グロープラグ
- 発熱コイル
- 制御コイル
- ハウジング
- シーリング
- 絶縁ブッシュ
- 充填材
- シース管
- 中軸
- 端子ナット

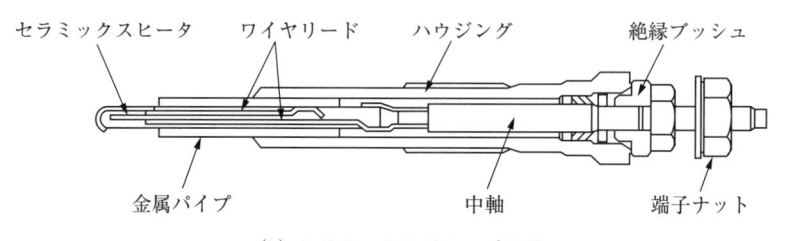

(b) セラミックスグロープラグ
- セラミックスヒータ
- ワイヤリード
- ハウジング
- 絶縁ブッシュ
- 金属パイプ
- 中軸
- 端子ナット

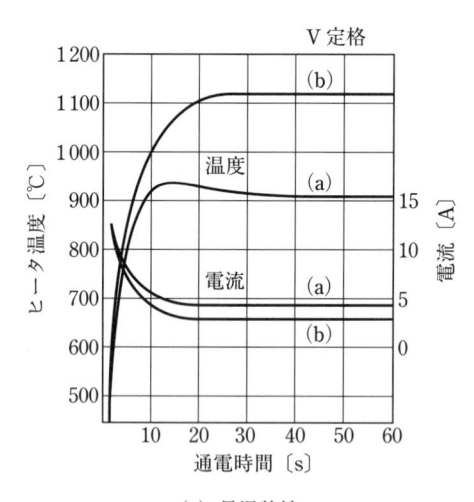

(c) 昇温特性

図6.12 グロープラグ

(3) 酸素センサ

　自動車（ガソリンエンジン）の排気ガス浄化システムにおいて，最も代表的な方法は三元触媒を利用する方法である．三元触媒は，理論空燃比の近傍の限ら

た空燃比域(ウインドウ)において，排気ガス中の一酸化炭素，炭化水素，窒素酸化物の三成分を効率良く浄化する能力をもっている。しかし，空燃比が理論空燃比からずれると浄化能力は急激に低下する。そのため，酸素センサで排気ガス中の残存酸素量を検知し，その信号を燃料供給装置にフィードバックして，常に空燃比を理論空燃比の近傍に維持する制御を行っている。酸素センサは，排気マ

(a) O_2センサを用いた排気ガス浄化システム

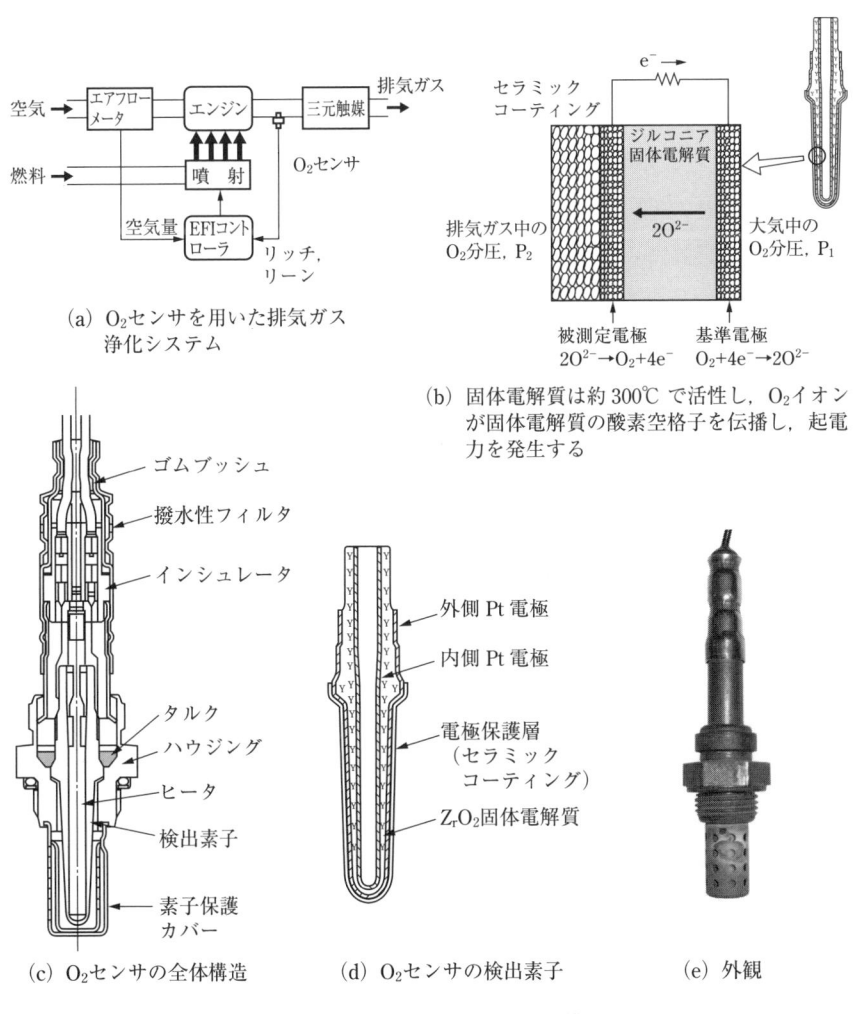

(b) 固体電解質は約300℃で活性し，O_2イオンが固体電解質の酸素空格子を伝播し，起電力を発生する

被測定電極 $2O^{2-} \rightarrow O_2 + 4e^-$
基準電極 $O_2 + 4e^- \rightarrow 2O^{2-}$

(c) O_2センサの全体構造

(d) O_2センサの検出素子

(e) 外観

図 6.13 酸素センサの機能と構造

ニホールドに取り付けるため，耐熱性と耐食性も求められる。

　ジルコニア（ZrO_2）にイットリアを 8 mol％添加して高温相の立方晶を室温付近でも安定した相にしたFSZ（安定化ジルコニア）は，高い酸素イオン伝導性を示す。これを固体電解質に用いた酸素センサの構造を図6.13に示す。試験管のように焼き固めたジルコニア管の内面と外面に白金電極がコーティングされている。高温の排気ガスに触れる外側電極は，電極保護のため多孔性のセラミックス層がコーティングされている。

　内側電極を大気側に，外側電極を排気ガス側になるようにセンサを取り付けると，酸素分圧の高い大気側から酸素分圧の低い排気ガス側に酸素イオンが流れ，電極間に起電力 E が発生する。その大きさは，$E = (RT/4F) \cdot \ln(P_1/P_2)$ である。ここで，R：気体定数，T：絶対温度，F：ファラデー定数，P_1：大気中の酸素分圧，P_2：排気ガス中の酸素分圧である。酸素センサは，この起電力が空気過剰率1付近で大きく変化することを利用し，検出した起電力の大小で燃料過剰か空気過剰かを判定する。

第7章

複合材料

　材料の性質には，長所があれば短所もある。長所は伸ばし，短所を小さくするには，つまり軽くて強くて脆くない理想的な材料の追求の1つが，材料の複合化である。1940年代初め，アメリカでガラス繊維を不飽和ポリエステルで固める技術が開発された。複合材料の幕開けともいわれる**繊維強化プラスチック**の登場である。単一の素材では実現できない特性を発揮する複合材への期待は大きい。

7.1 複合材料の構成

　複合材料（composite materials）とは，いくつかの素材を組み合わせてつくった材料のことで，単一の材料にはない優れた特性が得られる。図7.1にその分類を示した。

　複合材料は，主体となる素地（母材，マトリックス）の中に，分散材あるいは強化材と呼ばれる微小形状の素材を分散させたものである。

　マトリックスにはプラスチック，金属，セラミックス，ゴム，コンクリートなどが使用され，分散材としてガラス，ホウ素，炭化ケイ素，アルミナ，炭素，アラミド，鋼などの各繊維状のものや，粉体，粒子，織布などが用いられる。これらの組合せのなかで，工業的に重要なものに繊維強化材料がある。

　広い意味で複合材料には，コンクリート，樹脂複合鋼板，クラッド材（合せ材，clad）などがある。馴染みのあるコンクリートは砂や砂利がセメントと水の混合物（セメントと水が化学的に反応して固化する）によって結合されている。コンクリートは圧縮に強いが引張りに弱い。鉄筋コンクリートは，**引張りを鉄**，

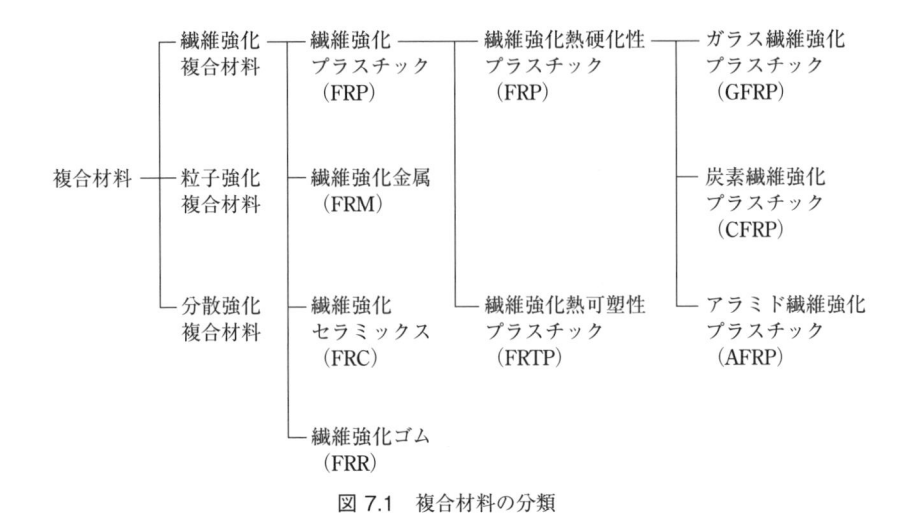

```
                ┌─ 繊維強化 ─┬─ 繊維強化          ┬─ 繊維強化熱硬化性 ─┬─ ガラス繊維強化
                │  複合材料  │  プラスチック      │  プラスチック      │  プラスチック
                │            │  (FRP)             │  (FRP)             │  (GFRP)
                │            │                    │                    │
                │            │                    │                    ├─ 炭素繊維強化
                │            ├─ 繊維強化金属      │                    │  プラスチック
                │            │  (FRM)             │                    │  (CFRP)
  複合材料 ─────┼─ 粒子強化  │                    │                    │
                │  複合材料  │                    │                    │
                │            │                    │                    │
                │            ├─ 繊維強化          ├─ 繊維強化熱可塑性 ─┼─ アラミド繊維強化
                ├─ 分散強化  │  セラミックス      │  プラスチック      │  プラスチック
                │  複合材料  │  (FRC)             │  (FRTP)            │  (AFRP)
                │            │
                │            └─ 繊維強化ゴム
                │               (FRR)
```

図 7.1　複合材料の分類

つまり鋼材で受けもたせたもので，広く建築材料に用いられている．繊維強化材料では，繊維が鉄筋に相当していると考えるとイメージしやすい．

7.2　繊維強化プラスチック

軽量であるプラスチックをマトリックスとし，内部に強化繊維を含有させることで，比強度が著しく高い複合材料が得られる．これが，**繊維強化プラスチック**（FRP：Fiber Reinforced Plastics）である．プラスチックは自動車の軽量化のために優れた材料であるが，強度や剛性が低い．そこで繊維を強化材としてプラスチックに複合する．

1　強化繊維

強化繊維には，ガラスを中心とし，炭素繊維，高強度樹脂繊維のアラミド（ケブラー）が使用されている．ガラス繊維を使用したFRPがGFRP（Glass-FRP），炭素繊維で強化したものがCFRP（Carbon-FRP）である．アラミド繊維の場合AFRP（KFRP）と称される．

（1）ガラス繊維

溶かしたガラスを細いノズルから引き出し，伸ばしながら急冷して，数ミクロ

ンから数十ミクロンの直径に繊維化したものである。**ガラス繊維**は長繊維と短繊維（ウール）に分類される。長繊維には，Eガラスと呼ばれる耐候性と電気絶縁性に優れた無アルカリに近い組成のガラスが用いられている。

(2) 炭素繊維

炭素繊維には，ポリアクリルニトリル（PAN）の繊維を焼いてつくるPAN系と，石油ピッチからつくるピッチ系がある。高強度，高弾性の炭素繊維には，PAN系が主流となっている。

PAN繊維に酸素を吹き込みながら，200〜300℃の高温炉に通した後，1200〜1500℃の高温で熱すると炭素どうしが結合した繊維ができる。この炭素化した繊維を引き続き2200〜3000℃で引っ張りながら熱すると，黒鉛化した繊維（graphite fiber）が得られる。

(3) アラミド繊維

アラミド繊維は**ケブラー**（商品名）とも呼ばれる。アラミド繊維の比重は1.4程度で，ガラス繊維や炭素繊維に比べ軽く，耐衝撃性に優れている。

アラミド繊維は，高強力で耐熱性にも優れたパラ系と，難燃性，耐熱性の高いメタ系に分けられる。パラ系は同一重量の場合，引張強度は鉄鋼の8倍に達し，プラスチック，ゴム，コンクリートの補強に使われ，メタ系は消防服やレーサー服などに使われている。

2　繊維強化プラスチックの性質

繊維強化材料の最大の特徴は比強度が高いことである。その一例を表7.1に示す。炭素繊維強化プラスチック（CFRP）は，強度，弾性率ともに優れていることがわかる。

CFRPの用途は広く，自動車ではプロペラシャフト，ボディパーツ，スポイラー，レーシングボディなどがあり，ヘルメットや釣り竿などにも応用されている。軽くて，強いというキーワードが特に求められる航空機において，CFRPは機体材料として注目されている。

CFRPは比強度が大きく，疲労や腐食にも強いが，線膨張係数が金属に比べ大変低く，異方性がある。異方性とは，シート状のものを重ねてつくるため，繊維方向とそうでない層間方向の強度が異なることをいう。

表 7.1　FRP の特性

項目＼FRP	GFRP	CFRP	AFRP（KFRP）	（参考）Al 合金
密度〔g/cm^3〕	2.0	1.6	1.4	2.8
引張強さ〔MPa〕	1 180	1 760	1 470	470
ヤング率〔GPa〕	41	125	78	72
比強度（引張強さ／密度）	590	1 100	1 050	168
比弾性率（ヤング率／密度）	21	78	56	26
熱伝導率〔W/m・K〕	58	50	−	134
線膨張係数〔10^{-6}/K〕	8	0.7	−	23

GFRP，CFRP，AFRP のマトリックスはエポキシ樹脂，繊維含有率 60Vol.％の一方向積層板の繊維方向の特性である

表 7.2　炭素繊維複合材料

種類	マトリックス材	用　途　例
CFRP	エポキシ，不飽和ポリエステル，ポリイミドなどの熱硬化性樹脂	航空・宇宙関係部材，スポーツ用品
CFRTP	ナイロン，ポリカーボネート，ポリアセタールなどの熱可塑性樹脂	OA 機器，紡績部品
C/C	炭素	ロケット用部材，航空機・レーシングカーブレーキ材
CFRM	金属	航空・宇宙用部材

　なお，**炭素繊維複合材料**には，表 7.2 に示すように，いくつか種類がある。炭素繊維強化プラスチックもその 1 つで，熱硬化性樹脂に複合したものを FRP，熱可塑性樹脂に複合したものを FRTP（Fiber Reinforced Thermo Plastics）と区別されている。

3　自動車の繊維強化プラスチック部品

（1）　フロントフード

　CFRP（炭素繊維強化プラスチック）製のフロントフード（ボンネット）の採用例があり，アルミニウム合金製に比べ約 4 kg 軽くなっている。また，CFRP はアルミニウム合金より張り剛性が高い特性がある。

(2) リーフスプリング

ばね鋼に代わり，軽量化や素材のもつ弾性エネルギーの大きさから GFRP（ガラス繊維強化プラスチック）を利用したリーフスプリングがある。

(3) CFRP 製プロペラシャフト

プラスチックにエポキシ樹脂を用いた CFRP 製プロペラシャフトの採用例がある。このシャフトは，STKM（機械構造用炭素鋼管）製シャフトに比べ大幅に軽くなっている。軽量化に加えて衝突時の破損形態をコントロールする目的も兼ねたプロペラシャフトが開発されている。

7.3 繊維強化金属

マトリックスに金属を用いた複合材を**金属基複合材料**（MMC：Metal Matrix Composites）という。軽量化や耐熱性などの向上を目的としている。

マトリックスに軽量のアルミニウム合金などを用い，繊維強化したものを**繊維強化金属**（FRM：Fiber Reinforced Metal）と称する。製造温度が最低でも 300〜400℃になるため，強化繊維には，熱に強い金属繊維やセラミックス繊維が用いられる。

金属繊維には，タングステン，スチールなどがある。セラミックス繊維には，炭化ケイ素，アルミナなどがあり，金属繊維と比べると比重が低く，比強度，比剛性（比弾性率）は高いが，脆いなどの短所がある。炭化ケイ素繊維はマトリックスと整合性が良好でアルミニウム合金とのなじみが良い。

軽合金のみでは強度や耐摩耗性を満足できない部品に FRM を用いる。自動車では，アルミニウム合金をマトリックスとしたものが主流で，高い耐熱性，強度，軽量性などが求められるエンジン部品に使われている。

(1) ディーゼルエンジンのピストン耐摩環

FRM が初めて自動車材料として使用されたのはディーゼルエンジンのピストン耐摩環である。ディーゼルエンジン用ピストンのトップリング構造は高温高負荷環境下での耐摩耗性が必要である。そこで，図 7.2 に示すように，リング溝にアルミナとシリカ繊維あるいはアルミナ繊維を鋳くるみ，リング溝の耐摩耗性や

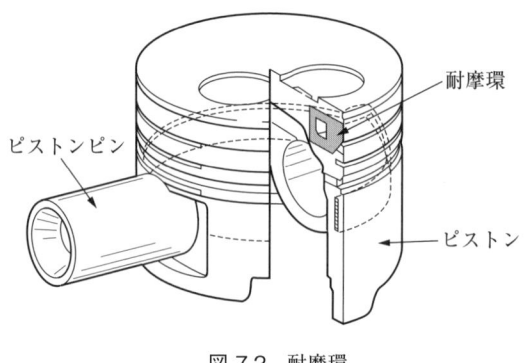

図 7.2　耐摩環

耐焼付性の向上が図られている。

（2）　コンロッド（コネクティングロッド）

アルミニウム合金製コンロッドをスチールファイバで強化した FRM コンロッドの採用例がある。コンロッドはピストンとクランクを連結する棒で，軽いほうが運動性能上優れるが，シリンダ内部の燃料の爆発により発生した大きな力をクランクに伝える部品なので，高い強度が求められる。FRM 製コンロッドは，必要な強度を確保しながらも，30％の軽量化となっている。

（3）　ライナ

シリンダブロックの成形時に，従来の鋳鉄製シリンダライナの代わりにアルミナと炭素繊維を 3 mm の筒状のプレフォームとし，これをアルミニウム合金で鋳込んでブロック製造と同時にライナを成形する採用例がある。熱伝導率の良いアルミニウム合金を FRM の母材に使い，母材の弱点である耐摩耗性を強化することで耐熱性，耐焼付性を向上させる。ボア間の肉厚の薄肉化が可能となり，エンジンのコンパクト化，軽量化にも貢献している。

7.4　繊維強化セラミックス

繊維強化セラミックス（FRC：Fiber Reinforced Ceramics）は，セラミックスの最大の欠点である脆さを改善するために，ウイスカやセラミックス繊維をセラ

ミックスマトリックスの中に混入したものである。繊維には，短繊維と長繊維の2種類が使用されるが，短繊維としては SiC ウイスカが代表的なものである。また，ZrO_2 で強化した粒子分散強化セラミックスもある。

7.5 繊維強化ゴム

繊維強化ゴム（FRR：Fiber Reinforced Rubber）の用途例がタイヤのカーカスやタイミングベルトである。図 7.3 には，カムシャフトを駆動するタイミングベルト（歯付きベルト，コグベルト）を示した。ゴム（クロロプレンゴムなど）を母材とし，ガラス繊維あるいはアラミド繊維の芯線そして耐摩耗性をもつ歯布（ナイロン織布）で構成されている。

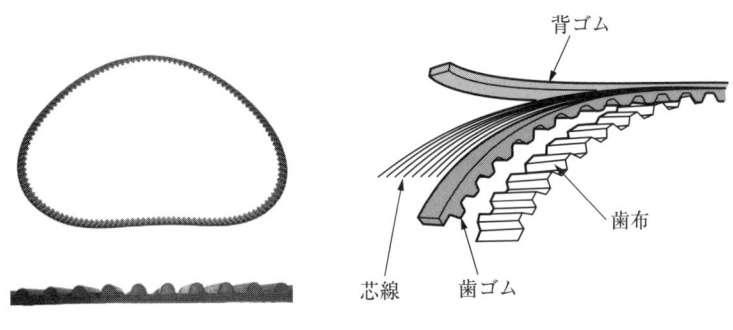

図 7.3　タイミングベルト

参考文献

1) 増本健監修，ウォーク編著『金属なんでも小事典』講談社，1997 年
2) 自動車技術会『自動車用語和英辞典』1997 年
3) 日本機械学会『機械工学事典』1997 年
4) 自動車技術会『自動車技術ハンドブック，生産・品質・整備編』1991 年
5) 自動車技術会『自動車技術ハンドブック，基礎・理論編』2004 年
6) 奥田謙介『炭素組織と複合材料』共立出版，1988 年
7) A. KELLY 著，村上陽太郎訳『複合材料』丸善，1971 年
8) 上垣外修己，神谷信雄『セラミックスの物理』内田老鶴圃，1998 年
9) 上垣外修己『セラミックスエンジン』丸善，1987 年
10) 木村好次，岡部平八郎『トライボロジー概論』養賢堂，1982 年
11) エム・ハ・ラビノヴィチ著，久保田謙訳『金属の構造と強さ』東京図書，1965 年
12) 山縣裕『現代の錬金術』山海堂，1998 年
13) 國岡福一，林英伸『新・自動車の設計』山海堂，1999 年
14) 冨士明良『工業材料入門』山海堂，1998 年
15) 全国自動車整備専門学校協会『自動車材料』山海堂，1998 年
16) 門間改三『大学基礎機械材料』実教出版，1986 年
17) 塩谷義『航空宇宙材料学』東京大学出版会，1997 年
18) 日本航空技術協会「航空機材料」2004 年
19) 日経マテリアル＆テクノロジー『設計技術者のためのやさしい自動車材料』日経BP社，1993 年
20) 非破壊検査協会『非破壊試験概論』1993 年
21) エンジンテクノロジー編集委員会『自動車エンジン要素技術』山海堂，2005 年
22) 御堀直嗣『高性能タイヤ理論』山海堂，2002 年
23) 高　行男『アルミ VS 鉄ボディ』山海堂，2002 年

索 引

■英数字

2層GA鋼板 …………………… 41
3R …………………………………… 5
API ……………………………… 143
bcc ……………………………… 12
fcc ……………………………… 12
GA鋼板 ………………………… 41
GI鋼板 ………………………… 41
hcp ……………………………… 12
JIS ……………………………… 18
LCA ……………………………… 5
S–N曲線 …………………… 26
SAE …………………………… 143

■あ行

亜鉛 …………………………… 106
アラミド繊維 ………………… 167
アルマイト …………………… 92
アルミニウム ………………… 84
　　　　展伸用——合金 …… 85
アルミメタル ………………… 111
合せガラス …………………… 148
安全ガラス …………………… 148

イオン化傾向 ………………… 9
鋳物 …………………………… 70
インコネル …………………… 115

ウッドメタル ………………… 109

永久ひずみ …………………… 18
エボナイト …………………… 124
エンジンオイル ……………… 141
延性 …………………………… 16
延性破壊 …………………… 6, 16

黄銅 …………………………… 104
応力 ………………………… 6, 18
応力-ひずみ図 ……………… 18
応力腐食割れ ………………… 65
オーステナイト ……………… 53
オーバレイ …………………… 110

■か行

快削鋼 ………………………… 69
火炎焼入れ法 ………………… 58
架橋 …………………………… 119
加工硬化 ……………………… 16

下降伏点……………………18
荷重-変形図 ………………18
加速クリープ………………27
かたさ………………………21
可鍛鋳鉄……………………72
可溶合金……………………108
ガラス………………………146
　　合せ――………………148
　　安全――………………148
　　強化――………………150
　　石英――………………147
　　ソーダ石灰――………147
ガラス繊維…………………167
加硫…………………………123
顔料…………………………133

貴……………………………9
機械構造用炭素鋼…………44
機械的性質…………………18
貴金属………………………83
犠牲防食……………………9
希土類元素…………………98
球状黒鉛鋳鉄………………71
強化ガラス…………………150
強化繊維……………………166
共晶体合金…………………15
共晶はんだ…………………108
強靭鋼………………………61
強度

クリープ――………………7
比――………………………8
疲労――……………………6
金属…………………………11
　貴――……………………83
　軽――……………………83
　焼結――…………………75
　繊維強化――……………169
　非鉄――…………………11
　非鉄――材料……………83
金属間化合物………………15
金属基複合材料……………169
金属材料……………………1

グリース……………………143
クリープ…………………7, 27
　加速――…………………27
　遷移――…………………27
　定常――…………………27
クリープ強度………………7
クリープ曲線………………27
クリープ限度………………27

軽金属………………………83
軽合金………………………14
結晶粒………………………12
結晶粒界……………………12
ケブラー……………………167
ケルメット…………………110

合金	14
可溶――	108
共晶体――	15
軽――	14
耐熱――	66
展伸用アルミニウム――	85
合金鋼	32, 43, 59
高――	59
構造用――	63
低――	59
合金工具鋼	69
合金鋳鉄	72
工具鋼	68
合金――	69
炭素――	68
硬鋼	43
高合金鋼	59
高周波焼入れ法	56
合成樹脂	117
合成繊維	129
抗折試験	21
構造用合金鋼	63
高速度鋼	69
高張力鋼板	37
鋼板	35
2層GA――	41
GA――	41
GI――	41
高張力――	37

熱間圧延――	35
表面処理――	40
ラミネート――	42
冷間圧延――	35
高分子	116
国際標準軟銅	11
繊維強化――	171
固溶体	15
侵入型――	15
置換型――	15

■さ行

再結晶	17
再結晶温度	17
最密六方格子	12
三元触媒	113
時効	91
縦弾性係数	7, 20
樹脂	117, 133
潤滑剤	141
純鉄	32
衝撃強さ	6
焼結金属	75
上降伏点	18
状態図	46
ショットピーニング	55
白鋳鉄	72
靭性	8

浸炭‥‥‥‥‥‥‥‥‥‥‥‥‥‥56
浸透探傷法‥‥‥‥‥‥‥‥‥‥28
侵入型固溶体‥‥‥‥‥‥‥‥‥15

すず‥‥‥‥‥‥‥‥‥‥‥‥ 108
ステンレス鋼‥‥‥‥‥‥‥‥‥63
ストークス‥‥‥‥‥‥‥‥‥ 142

製鋼‥‥‥‥‥‥‥‥‥‥‥‥‥34
脆性破壊‥‥‥‥‥‥‥‥‥‥6, 16
製鉄‥‥‥‥‥‥‥‥‥‥‥‥‥33
静電塗装‥‥‥‥‥‥‥‥‥‥ 136
青銅‥‥‥‥‥‥‥‥‥‥‥‥ 104
成分‥‥‥‥‥‥‥‥‥‥‥‥‥14
石英ガラス‥‥‥‥‥‥‥‥‥ 147
絶縁体‥‥‥‥‥‥‥‥‥‥‥‥11
セメンタイト‥‥‥‥‥‥‥‥‥54
セラミックス‥‥‥‥‥‥‥‥ 146
　　　繊維強化──‥‥‥‥‥ 170
繊維
　　　アラミド──‥‥‥‥‥ 167
　　　ガラス──‥‥‥‥‥‥ 167
　　　強化──‥‥‥‥‥‥‥ 166
　　　合成──‥‥‥‥‥‥‥ 129
　　　炭素──‥‥‥‥‥‥‥ 167
　　　炭素──複合材料‥‥‥ 168
繊維強化金属‥‥‥‥‥‥‥‥ 169
繊維強化ゴム‥‥‥‥‥‥‥‥ 171
繊維強化セラミックス‥‥‥‥ 170

繊維強化プラスチック 121, 165, 166
遷移クリープ‥‥‥‥‥‥‥‥‥27
センチストークス‥‥‥‥‥‥ 142
センチポアズ‥‥‥‥‥‥‥‥ 142
銑鉄‥‥‥‥‥‥‥‥‥‥‥‥‥32
線膨張係数‥‥‥‥‥‥‥‥‥‥ 9

相‥‥‥‥‥‥‥‥‥‥‥‥‥‥46
ソーダ石灰ガラス‥‥‥‥‥‥ 147
塑性‥‥‥‥‥‥‥‥‥‥‥‥‥ 6
組成‥‥‥‥‥‥‥‥‥‥‥‥‥14
塑性変形‥‥‥‥‥‥‥‥‥‥‥16
ソルバイト‥‥‥‥‥‥‥‥‥‥55

■た行

ダイカスト‥‥‥‥‥‥‥‥‥‥87
耐久限度‥‥‥‥‥‥‥‥‥‥‥26
耐食性‥‥‥‥‥‥‥‥‥‥‥‥ 9
体心立方格子‥‥‥‥‥‥‥‥‥12
耐熱鋼‥‥‥‥‥‥‥‥‥‥‥‥66
耐熱合金‥‥‥‥‥‥‥‥‥‥‥66
耐熱性‥‥‥‥‥‥‥‥‥‥‥‥ 9
耐力‥‥‥‥‥‥‥‥‥‥‥‥‥20
ダクタイル鋳鉄‥‥‥‥‥‥‥‥71
タフトライド処理‥‥‥‥‥‥‥58
弾性‥‥‥‥‥‥‥‥‥‥‥‥‥ 6
弾性限度‥‥‥‥‥‥‥‥‥‥‥18
弾性変形‥‥‥‥‥‥‥‥‥‥‥16
炭素鋼‥‥‥‥‥‥‥‥‥‥ 32, 43

機械構造用——··············44
炭素工具鋼···················68
炭素繊維····················· 167
炭素繊維複合材料············ 168

置換型固溶体················15
チタン······················ 100
窒化·························58
鋳造·························70
鋳鉄····················· 32, 70
　　可鍛——···············72
　　球状黒鉛——···········71
　　合金——···············72
　　白——·················72
　　ダクタイル——·········71
　　ねずみ——·············70
稠密六方格子················12
超音波·······················31
超ジュラルミン···············85
超々ジュラルミン·············87
ちょう度···················· 143

低合金鋼·····················59
定常クリープ·················27
鉄···························32
鉄鋼····················· 11, 32
添加剤···················· 133
電気伝導率··················11
電気めっき················· 106

電気めっき法················42
展伸用アルミニウム合金·······85
展性·························16
電着塗装·················· 135

銅························· 104
導体··························11
動粘度···················· 142
特殊鋼·······················59
トリメタル·················· 110
塗料······················ 133
トルースタイト···············55

■な行

鉛························· 107
軟鋼····················· 33, 43
軟質金属·················· 106

ニクロム··················· 115
ニッケル··················· 115

ねずみ鋳鉄···················70
熱可塑性プラスチック······· 117
熱間圧延鋼板·················35
熱間加工·····················17
熱硬化性プラスチック······· 117
熱処理·······················51
熱電対···················· 115
熱伝導率····················12

索引　177

熱膨張率……………………… 9
粘度…………………………… 142
粘度指数……………………… 142

■は行

パーライト………………… 51, 54
ハイス………………………… 69
ハイテン……………………… 37
破壊……………………………
 延性——……………………… 6
 延性——……………………… 16
 脆性——……………………… 6
 脆性——……………………… 16
 非——試験………………… 28
肌焼き………………………… 56
肌焼鋼………………………… 44
白金…………………………… 112
ばね鋼………………………… 67
バビットメタル……………… 112
はんだ………………………… 108
半導体………………………… 11

卑……………………………… 9
比強度………………………… 8
比剛性………………………… 8
比重…………………………… 8
ひずみ………………………… 9
引張り………………………… 166
引張試験……………………… 18

引張強さ……………………… 18
非鉄金属……………………… 11
非鉄金属材料………………… 83
非破壊試験…………………… 28
ヒューズ……………………… 108
表面硬化処理………………… 55
表面処理鋼板………………… 40
比例限度……………………… 18
疲労………………………… 7, 24
疲労強度……………………… 6
疲労限度……………………… 26

フェライト…………………… 53
複合材料……………………… 165
フックの法則………………… 18
不働体………………………… 63
プラスチック…………………
 繊維強化——…… 121, 165, 166
 熱可塑性——……………… 117
 熱硬化性——……………… 117
フレッチング摩耗…………… 10
粉末冶金……………………… 75

ベイナイト…………………… 55
変態…………………………… 46
変態点………………………… 46

ポアズ………………………… 142
ポリマー……………………… 117

ポリマーアロイ……………… 121
ホワイトメタル………………… 111

■ま行

摩耗……………………………10
　　フレッチング——………………10
マルテンサイト…………………55
　　焼もどし——………………55

密度…………………………… 8

無機材料……………………… 1

メタル………………………… 109
　　アルミ——………………… 111
　　ウッド——………………… 109
　　トリ——…………………… 110
　　バビット——……………… 112
　　ホワイト——……………… 111
面心立方格子…………………12

モノマー……………………… 117

■や行

焼入れ…………………………52
　　火炎——法………………58

高周波——法………………56
焼なまし……………………17, 51
焼ならし………………………51
焼もどし………………………52
焼もどしマルテンサイト………55
ヤング率……………………7, 20

有機材料……………………… 1

溶剤…………………………… 134
溶体化処理……………………91
溶融めっき…………………… 106
溶融めっき法…………………41

■ら行

ラミネート鋼板………………42

冷間圧延鋼板…………………35
冷間加工………………………17
レジンモールド……………… 132

ろう付け……………………… 108
ローエックス…………………89

■わ行

ワイヤハーネス……………… 105

【執筆者紹介】

高　行男　(こう・ゆきお)

　　学　歴　　名古屋大学工学部機械工学科卒業(1970)
　　　　　　　名古屋大学大学院機械工学専攻博士課程修了(1975)
　　　　　　　工学博士
　　職　歴　　中日本自動車短期大学教授
　　著　書　　「機構学入門」東京電機大学出版局
　　　　　　　「アルミvs鉄ボディ」山海堂
　　　　　　　「ガソリン直噴」(共著)山海堂
　　　　　　　「EV・電気自動車」(共著)山海堂

自動車材料入門

2009年2月20日　第1版1刷発行　　　　ISBN 978-4-501-41780-2 C3053
2020年2月20日　第1版6刷発行

著　者　高　行男
　　　　Ⓒ Ko Yukio 2009

発行所　学校法人　東京電機大学　〒120-8551　東京都足立区千住旭町5番
　　　　東京電機大学出版局　　　Tel. 03-5284-5386（営業）03-5284-5385（編集）
　　　　　　　　　　　　　　　　Fax. 03-5284-5387　振替口座 00160-5-71715
　　　　　　　　　　　　　　　　https://www.tdupress.jp/

JCOPY　＜(社)出版者著作権管理機構委託出版物＞
本書の全部または一部を無断で複写複製（コピーおよび電子化を含む）することは，著作権法上での例外を除いて禁じられています。本書からの複製を希望される場合は，そのつど事前に，(社)出版者著作権管理機構の許諾を得てください。また，本書を代行業者等の第三者に依頼してスキャンやデジタル化をすることはたとえ個人や家庭内での利用であっても，いっさい認められておりません。
［連絡先　Tel. 03-5244-5088，Fax. 03-5244-5089，E-mail：info@jcopy.or.jp

印刷：三美印刷(株)　　製本：渡辺製本(株)　　装丁：高橋壮一
落丁・乱丁本はお取替えいたします。　　　　　　　　　Printed in Japan

東京電機大学出版局 書籍のご案内

自動車工学 第2版

樋口健治・横森求 監修／自動車工学編集委員会 編
　　　　　　　　　　　　　　　A5判　216頁
自動車一般／エンジンの性能／動力伝達機構と懸架装置および操縦装置／車体およびタイヤの力学／運動性能／操縦性と安定性／自動車人間工学

自動車エンジン工学 第2版

村山正・常本秀幸 著　　　　　A5判　256頁
内燃機関の歴史／サイクル計算，および出力／燃料，および燃焼／火花点火機関／ディーゼル機関／内燃機関による大気汚染／シリンダ内のガス交換／冷却／潤滑／内燃機関の機械力学

内燃機関

古濱庄一 著／内燃機関編集委員会 編
　　　　　　　　　　　　　　　A5判　320頁
緒論／出力とサイクル／往復動機関の燃焼／混合気生成法／排気の環境対策／吸・排気系／クランク機構の力学／内燃機関のトライボロジー

バッテリマネジメント工学
電池の仕組みから状態推定まで

足立修一・廣田幸嗣 編著　　　A5判　248頁
電池とバッテリマネジメントの概要／化学電池の基礎／バッテリマネジメントの基本構成／電池のためのシステム工学／電池のモデリング／電池の状態推定

カーエアコン
熱マネジメント・エコ技術

藤原健一 監修／カーエアコン研究会 編著
　　　　　　　　　　　　　　　A5判　240頁
冷房の基礎／空気調和／エアコンユニット／カーエアコンの制御／主要構成部品／熱源技術／カーエアコンの環境対応／故障診断と対策／将来

基礎 自動車工学

野崎博路 著　　　　　　　　　A5判　200頁
タイヤの力学／操縦性・安定性／乗り心地・振動／制動性能／走行抵抗と動力性能／新しい自動車技術／人—自動車系の運動／ドライビングシミュレーターの更なる研究と応用

初めて学ぶ
基礎 エンジン工学

長山勲 著　　　　　　　　　　A5判　288頁
エンジンの概説／エンジンの基本的原理／エンジンの構造と機能／エンジンの実用性能／環境問題と対策／センサとアクチュエータ／エンジン用油脂／特殊エンジン／エンジン計測法

自動車の走行性能と試験法

茄子川捷久・宮下義孝・汐川満則 著
　　　　　　　　　　　　　　　A5判　276頁
概論／自動車の性能／性能試験法／法規一般／自動車走行性能に関する用語解説

電気自動車の制御システム
電池・モータ・エコ技術

廣田幸嗣・足立修一 編著／出口欣高・小笠原悟司 著
　　　　　　　　　　　　　　　A5判　216頁
走行制御システムの設計／フィードバック制御系の設計手順／ハイブリッド車・電気自動車の走行制御／電池と電源システム／走行用モータとその制御

自動車用タイヤの基礎と実際

㈱ブリヂストン 編　　　　　　A5判　384頁
タイヤの概要／タイヤの種類と特徴／タイヤ力学の基礎／タイヤの特性／タイヤの構成材料／タイヤの設計／タイヤの現状と将来

＊定価，図書目録のお問い合わせ・ご要望は出版局までお願いいたします。
https://www.tdupress.jp/